广西农作物种质资源

丛书主编 邓国富

玉米卷

程伟东 覃兰秋 谢和霞 等 著

科学出版社

北京

内 容 简 介

本书概述了广西玉米种质资源的分布、类型、特色，介绍了广西农业科学院玉米研究所在玉米农家品种收集、保存、鉴定和评价等方面所做的工作。本书选录了 375 份广西玉米农家品种，包括普通玉米 192 份、糯玉米 141 份和爆裂玉米 42 份，同时展示了每份玉米农家品种形态特征的图片，并详细介绍了它们的采集地、类型及分布、主要特征特性、利用价值。

本书主要面向从事玉米种质资源保护、研究和利用的科技工作者，大专院校师生，农业管理部门工作者，玉米种植专业户，以及种子企业、专业养殖企业的管理和技术人员等。

图书在版编目（CIP）数据

广西农作物种质资源 . 玉米卷 / 程伟东等著 . —北京：科学出版社，2020.6

　ISBN 978-7-03-064980-5

　Ⅰ . ①广…　Ⅱ . ①程…　Ⅲ . ①玉米－种质资源－广西　Ⅳ . ①S32

中国版本图书馆 CIP 数据核字（2020）第 072887 号

责任编辑：陈　新　闫小敏 / 责任校对：郑金红
责任印制：肖　兴 / 封面设计：金舵手世纪

科 学 出 版 社 出版

北京东黄城根北街16号
邮政编码：100717
http://www.sciencep.com

北京九天鸿程印刷有限责任公司 　印刷
科学出版社发行　各地新华书店经销

*

2020年6月第 一 版　开本：787×1092　1/16
2020年6月第一次印刷　印张：25 1/4
字数：598 000

定价：398.00元
（如有印装质量问题，我社负责调换）

本书著者名单

主要著者

程伟东　覃兰秋　谢和霞　江禹奉　曾艳华

其他著者

谢小东　周锦国　周海宇

Foreword 丛 书 序

    农作物种质资源是农业科技原始创新、现代种业发展的物质基础，是保障粮食安全、建设生态文明、支撑农业可持续发展的战略性资源。近年来，随着自然环境、种植业结构和土地经营方式等的变化，大量地方品种迅速消失，作物野生近缘植物资源急剧减少。因此，农业部（现称农业农村部）于 2015 年启动了"第三次全国农作物种质资源普查与收集行动"，以查清我国农作物种质资源本底，并开展种质资源的抢救性收集。

    广西壮族自治区（后简称广西）是首批启动"第三次全国农作物种质资源普查与收集行动"的省（区、市）之一，完成了 75 个县（市）农作物种质资源的全面普查，以及 22 个县（市、区）农作物种质资源的系统调查和抢救性收集，基本查清了广西农作物种质资源的基本情况，结合广西创新驱动发展专项"广西农作物种质资源收集鉴定与保存"，收集各类农作物种质资源 2 万余份，开展了系统的鉴定评价，筛选出一批优异的农作物种质资源，进一步丰富了我国农作物种质资源的战略储备。

    在此基础上，广西农业科学院系统梳理和总结了广西农作物种质资源工作，组织全院科技人员编撰了"广西农作物种质资源"丛书。丛书详细介绍了广西农作物种质资源的基本情况、优异资源及创新利用等情况，是广西开展"第三次全国农作物种质资源普查与收集行动"和实施广西创新驱动发展专项"广西农作物种质资源收集鉴定与保存"的重要成果，对于更好地保护与利用广西的农作物种质资源具有重要意义。

    值此丛书脱稿之际，作此序，表示祝贺，希望广西进一步加强农作物种质资源保护，深入推动种质资源共享利用，为广西现代种业发展和乡村振兴做出更大的贡献。

中国工程院院士 刘旭

2019 年 9 月

广西地处我国南疆，属亚热带季风气候区，雨水丰沛，光照充足，自然条件优越，生物多样性水平居全国前列，其生物资源具有数量多、分布广、特异性突出等特点，是水稻、玉米、甘蔗、大豆、热带果树、蔬菜、食用菌、花卉等种质资源的重要分布地和区域多样性中心。

为全面、系统地保护优异的农作物种质资源，广西积极开展农作物种质资源普查与收集工作。在国家有关部门的统筹安排下，广西先后于 1955～1958 年、1983～1985 年、2015～2019 年开展了第一次、第二次、第三次全国农作物种质资源普查与收集行动，还于 1978～1980 年、1991～1995 年、2008～2010 年分别开展了广西野生稻、桂西山区、沿海地区等单一作物或区域性的农作物种质资源考察与收集行动。

广西农业科学院是广西农作物种质资源收集、保护与创新利用工作的牵头单位，种质资源收集与保存工作成效显著，为国家农作物种质资源的保护和创新利用做出了重要贡献。经过一代又一代种质资源科技工作者的不懈努力，全院目前拥有野生稻、花生等国家种质资源圃 2 个，甘蔗、龙眼、荔枝、淮山、火龙果、番石榴、杨桃等省部级种质资源圃 7 个，保存农作物种质资源及相关材料 8 万余份，其中野生稻种质资源约占全国保存总量的 1/2、栽培稻种质资源约占全国保存总量的 1/6、甘蔗种质资源约占全国保存总量的 1/2、糯玉米种质资源约占全国保存总量的 1/3。通过创新利用这些珍贵的种质资源，广西农业科学院创制了一批在科研、生产上发挥了巨大作用的新材料、新品种，例如：利用广西农家品种"矮仔占"培育了第一个以杂交育种方法育成的矮秆水稻品种，引发了水稻的第一次绿色革命——矮秆育种；广西选育的桂 99 是我国第一个利用广西田东普通野生稻育成的恢复系，是国内应用面积最大的水稻恢复系之一；创制了广西首个被农业部列为玉米生产主导品种的桂单 0810、广西第一个通过国家审定的糯玉米品种——桂糯 518，桂糯 518 现已成为广西乃至我国糯玉米育种史上的标志性品种；利用收集引进的资源还创制了我国种植比例和累计推广面积最大的自育甘蔗品种——桂糖 11 号、桂糖 42 号（当前种植面积最大）；培育了一大批深受市场欢迎的水果、蔬菜特色品种，从钦州荔枝实生资源中选育出了我国第一个国审荔枝新品种——贵妃红，利用梧州青皮冬瓜、北海粉皮冬瓜等育成了"桂蔬"系列黑皮冬瓜（在华南地区市场占有率达 60% 以上）。1981 年建成的广西农业科学院种质资源库是我国第一座现代化农作物种质资源库，是广西乃至我国农作物种质资源保护和创新利用的重要平台。这些珍贵的种质资源和重要的种质创新平台为推动我国种质创新、提高生物育种效率发挥了重要作用。

广西是 2015 年首批启动"第三次全国农作物种质资源普查与收集行动"的 4 个省（区、市）之一，圆满完成了 75 个县（市）主要农作物种质资源的普查征集，全面完成了 22 个县（市、区）农作物种质资源的系统调查和抢救性收集。在此基础上，广西壮族自治区人民政府于 2017 年启动广西创新驱动发展专项"广西农作物种质资源收集鉴定与保存"（桂科 AA17204045），首次实现广西农作物种质资源收集区域、收集种类和生态类型的 3 个全覆盖，是广西目前最全面、最系统、最深入的农作物种质资源收集与保护行动。通过普查行动和专项的实施，广西农业科学院收集水稻、玉米、甘蔗、大豆、果树、蔬菜、食用菌、花卉等涵盖 22 科 51 属 80 种的种质资源 2 万余份，发现了 1 个兰花新种和 3 个兰花新记录种，明确了贵州地宝兰、华东葡萄、灌阳野生大豆、弄岗野生龙眼等新的分布区，这些资源对研究物种起源与进化具有重要意义，为种质资源的挖掘利用和新材料、新品种的精准创制奠定了坚实的基础。

为系统梳理"第三次全国农作物种质资源普查与收集行动"和"广西农作物种质资源收集鉴定与保存"的项目成果，全面总结广西农作物种质资源收集、鉴定和评价工作，为种质资源创新和农作物育种工作者提供翔实的优异农作物种质资源基础信息，推动农作物种质资源的收集保护和共享利用，广西农业科学院组织全院 20 个专业研究所 200 余名专家编写了"广西农作物种质资源"丛书。丛书全套共 12 卷，分别是《水稻卷》《玉米卷》《甘蔗卷》《果树卷》《蔬菜卷》《花生卷》《大豆卷》《薯类作物卷》《杂粮卷》《食用豆类作物卷》《花卉卷》《食用菌卷》。丛书系统总结了广西农业科学院在农作物种质资源收集、保存、鉴定和评价等方面的工作，分别概述了水稻、玉米、甘蔗等广西主要农作物种质资源的分布、类型、特色、演变规律等，图文并茂地展示了主要农作物种质资源，并详细描述了它们的采集地、主要特征特性、优异性状及利用价值，是一套综合性的种质资源图书。

在种质资源收集、鉴定、入库和丛书编撰过程中，农业农村部特别是中国农业科学院等单位领导和专家给予了大力支持和指导。丛书出版得到了"第三次全国农作物种质资源普查与收集行动"和"广西农作物种质资源收集鉴定与保存"的经费支持。中国工程院院士、著名植物种质资源学家刘旭先生还专门为丛书作序。在此，一并致以诚挚的谢意。

广西农业科学院院长

2019 年 9 月

Contents 目 录

第一章
广西玉米种质资源概述

　　种质资源是一个丰富的基因库,蕴含着多种可被利用的性状和潜在的杂种优势群、杂种优势模式,利用潜力巨大。丰富多样的种质资源在品种产量、品质、抗逆性和适应性等性状改良上起着关键作用。农作物育种实质上是种质资源的再加工(刘旭,2005)。育种成效的大小,取决于育种者掌握种质资源的多少(高旭东和周旭梅,2008)。位于墨西哥的国际小麦玉米改良中心(CIMMYT)收集保存了世界最丰富的玉米种质资源。美国是世界玉米生产第一大国,是引进、鉴定和改良利用玉米种质资源最先进的国家,也是拥有世界上最先进杂交品种的国家。热带、亚热带玉米种质具有抗逆性强、根系发达、叶片浓绿、持绿期长、长势繁茂等优点(雍洪军等,2013),而以美国为代表的温带玉米种质具有茎秆强韧、产量潜力大、出籽率高、农艺性状和籽粒商品性优良等特点(雍洪军等,2013),表现出丰产性高、配合力强、耐密性好、抗倒性强等特征。因此,收集、鉴定、扩繁和保存玉米种质资源材料,保持我国玉米种质资源及其基因的多样性,从而有机会充分利用这些种质资源的潜在优势和价值,是实现农业可持续发展的重要策略(刘旭,2005)。科学鉴定和充分利用种质资源,是关系到农业持续发展、保障粮食安全的一项重要工作。目前任何高新技术都还不能创造基因,而只能在生物体之间转移、复制或修饰基因。种质资源丰富的基因存在于多种多样的品种及其野生亲缘植物中(刘旭,2005)。

　　中美洲和加勒比地区是玉米的原产地,广西是我国玉米最早的传入地区之一。明朝嘉靖四十三年(公元1564年)的《南宁府志》记载:"黍,俗呼粟米……茎如蔗高"。这是广西发现记载玉米的最早文字。到清朝嘉庆年间,《广西通志》记述:"玉米,各州县出"。可见,在清朝中期,广西大部分地区已广泛种植玉米。现在,玉米已经成为广西的重要粮食作物(程伟东和覃德斌,2010)。

　　广西位于北纬20°54′～26°24′、东经104°28′～112°04′,地跨北热带、南亚热带和中亚热带,北回归线横贯其中部,光热充足,雨量充沛,地形地貌复杂,土壤类型多样,为玉米地方种质资源多样性的发生、发展提供了优越的环境条件。由于玉米具有适应性广、抗逆性强、产量较高、栽培管理简单等特点,尤其适宜在广西丘陵山区种植,玉米引入广西种植后发展很快,种植面积迅速增加(程伟东和覃德斌,2010)。广西玉米种质资源改良和利用的重点:一是将具有广泛遗传多样性、抗逆性和抗病性强的热带、亚热带种质导入配合力高、产量潜力大的温带种质中,二是对地方特殊气候、地理和生产条件有极大适应性的优良地方种质进行改良、扩增和利用。

　　我国分别于1956～1957年、1979～1983年对农作物种质资源进行了两次普查,广西共收集、保存玉米种质1575份,其中玉米地方品种1217份(覃兰秋等,2006)。针对广西玉米地方品种数量和种植面积逐年减少的趋势,广西农业科学院玉米研究所曾于2008年对广西11个县(市)16个乡(镇)的玉米农家品种进行调查,收集玉米农家品种43份(谢和霞等,2009)。

2015年起，农业部组织开展了"第三次全国农作物种质资源普查与收集行动"，截至本书完稿时，广西共收集玉米农家品种337份，其中有17份玉米农家品种因查重、扩繁失败等没有收录到本书。2017年广西启动了广西创新驱动发展专项（广西科技重大专项）"广西农作物种质资源收集鉴定与保存"，要求在广西完成玉米种质资源的普查与收集全覆盖，截至本书完稿时，已经收集玉米农家品种32份，项目还将继续进行玉米种质资源的普查与收集工作。

第一节　广西玉米种质资源的分布和类型

在本书收录的375份玉米种质资源（包括2015年以来所收集的农家品种352份、从国家种质库调出重新进行种植鉴定的爆裂玉米农家品种23份）中，百色市125份，占33.33%，涉及11个县（市、区）的36个乡（镇）64个村（社区）；河池市71份，占18.93%，涉及11个县（区）的27个乡（镇）41个村；南宁市35份，占9.33%，涉及4个县的13个乡（镇）22个村（社区）；桂林市45份，占12.00%，涉及9个县（市、区）的18个乡（镇）21个村（社区）；柳州市34份，占9.07%，涉及5个县（区）的14个乡（镇）22个村；崇左市22份，占5.87%，涉及6个县（市）的13个乡（镇）16个村；来宾市23份，占6.13%，涉及5个县（市、区）的9个乡（镇）16个村（社区）。上述7个地级市合计355份，占94.67%，涉及51个县（市、区）的130个乡（镇）202个村（社区）。贺州市、防城港市、贵港市、钦州市和玉林市这5个地级市合计只有20份，而梧州市和北海市这2个地级市没有收集到玉米种质资源。具体分布情况见表1-1。

表1-1　玉米种质资源在广西的分布情况

序号	地级市	县（市、区）数量	乡（镇）数量	村（社区）数量	资源份数	所占比例/%
1	百色市	11	36	64	125	33.33
2	河池市	11	27	41	71	18.93
3	南宁市	4	13	22	35	9.33
4	桂林市	9	18	21	45	12.00
5	柳州市	5	14	22	34	9.07
6	崇左市	6	13	16	22	5.87
7	来宾市	5	9	16	23	6.13
8	贺州市	4	3	3	6	1.60
9	防城港市	1	2	4	7	1.87
10	贵港市	1	2	2	2	0.53

序号	地级市	县（市、区）数量	乡（镇）数量	村（社区）数量	资源份数	所占比例/%
11	钦州市	1	2	2	2	0.53
12	玉林市	2	2	2	3	0.80
	合计	60	141	215	375	100.00

在本书所收录的玉米种质资源中，普通玉米农家品种 192 份，所占比例为 51.2%，其中硬粒型 68 份、马齿型 65 份、中间型 59 份；糯玉米农家品种 141 份，所占比例为 37.6%，其中白粒 125 份、彩色和杂色粒 16 份；爆裂玉米农家品种 42 份，所占比例为 11.2%，其中黄粒 17 份、紫粒 14 份、白色和杂色粒 11 份（表 1-2）。

表 1-2　玉米种质资源类型、类别和数量

资源类型	普通玉米			糯玉米		爆裂玉米			合计
	硬粒型	马齿型	中间型	白粒	彩色和杂色粒	黄粒	紫粒	白色和杂色粒	
数量	68	65	59	125	16	17	14	11	375
合计	192			141		42			375
	51.2%			37.6%		11.2%			100.0%

第二节　广西玉米种质资源的优异特性

从所收集的玉米种质资源中选择了 316 份，并委托四川省农业科学院植物保护研究所在四川进行人工接种鉴定玉米纹枯病抗性，结果表明：有 8 份表现高抗，占 2.53%；有 68 份表现抗病，占 21.52%；有 74 份表现中抗，占 23.42%；有 65 份感病，占 20.57%；有 101 份高感，占 31.96%。另外，选择了 304 份由四川省农业科学院植物保护研究所在南宁市进行人工接种鉴定玉米南方锈病抗性，结果表明：没有发现高抗资源；有 48 份表现抗病，占 15.79%；有 81 份表现中抗，占 26.64%；有 127 份表现感病，占 41.78%；有 48 份表现高感，占 15.79%。

利用 DA7200 型近红外谷物分析仪（Perten）对 367 份种质资源分别检测籽粒蛋白质、脂肪和淀粉的含量（部分资源是重复测定），籽粒蛋白质含量为 10.44%~15.19%，有 25 份种质资源籽粒蛋白质含量在 14.00% 以上；籽粒脂肪含量为 3.13%~5.89%，有 33 份种质资源籽粒脂肪含量在 5.00% 以上；籽粒淀粉含量为 59.35%~71.92%，有 52 份种质资源籽粒淀粉含量在 70.00% 以上。

对 45 份爆裂玉米种质资源进行爆裂率和膨化倍数实际检测，爆裂率为 15.70%~98.50%，有 19 份爆裂玉米种质资源的爆裂率在 90% 以上；膨化倍数为 2.0~20.5 倍，有 26 份爆裂玉米种质资源的膨化倍数在 10 倍以上。

在收集获得的玉米种质资源中，当地农户认为具有优异性状的种质资源有 94 份，其中，有 5 份种质具有 6 个优异性状（优质、抗病、抗旱、耐寒、广适、耐贫瘠）；有 11 份种质具有 5 个优异性状（优质、抗病、抗虫、抗旱、耐贫瘠）；有 5 份种质具有 4 个优异性状（优质、抗病、抗旱、广适）；有 13 份种质具有 3 个优异性状（优质、抗病、抗虫，或抗虫、耐寒、耐贫瘠，或高产、抗虫、耐贮存）；有 18 份种质具有 2 个优异性状；其他 42 份种质至少具有 1 个优异性状。在这些优异性状中，具有优质（口感好、食用性好、糯性好、易爆裂等）特性的资源有 81 份，具有抗病特性的资源有 30 份，具有抗旱（或耐旱）特性的资源有 27 份，具有耐寒特性的资源有 8 份，具有广适特性的资源有 16 份，具有耐贫瘠特性的资源有 23 份，具有抗虫特性的资源有 21 份，具有高产特性的资源有 8 份，具有抗倒特性的资源有 4 份，具有早熟特性的资源有 2 份，具有耐贮存特性的资源有 1 份。

第三节　广西玉米种质资源的利用及产业发展

1933 年《广西年鉴》记载广西玉米种植面积为 34.164 万 hm^2，占广西粮食播种面积的 13.9%；总产量为 29.0 万 t，占广西粮食总产量的 8%，平均产量为 847.5kg/hm^2。1976 年广西玉米种植面积达到最大，为 69.02 万 hm^2，总产量为 109.23 万 t，平均产量为 1582.6kg/hm^2。20 世纪末期，广西玉米生产迅速发展，在种植面积逐渐恢复和稳定的基础上，玉米单产水平和总产量迅速提高，1999 年广西玉米种植面积为 59.40 万 hm^2，总产量为 178.79 万 t，平均产量为 3009.9kg/hm^2。进入 21 世纪后，广西玉米生产更是高速发展，主要是单产水平提高很快，2005 年广西玉米种植面积为 60.76 万 hm^2，总产量为 207.26 万 t，平均产量为 3411.1kg/hm^2，2016 年广西玉米种植面积为 60.93 万 hm^2，总产量为 279.60 万 t，平均产量为 4588.9kg/hm^2（程伟东和覃德斌，2010）。

根据使用的品种，可将广西玉米生产分为以下 3 个时期：一是以农家品种为主，后期开始使用一些品种间杂交种和双交种。即新中国成立以前广西的玉米生产几乎都是使用农家品种，新中国成立以后到 20 世纪 70 年代开始试验推广品种间杂交种和双交种，并且以优良农家品种为主。二是以顶（三）交种为主，同时开始试验使用产量潜力更大的单交种。这个时期经历了 20~30 年，即从 20 世纪 70 年代中期开始到 20 世纪末，该时期使用的顶（三）交优良品种包括桂顶 1 号、桂顶 3 号、桂顶 4 号、桂三 1 号、桂三 2 号、桂三 5 号等。三是以单交种推广应用为主，杂交种的种植面积达到 95% 以上。即从 21 世纪开始推广应用单交种，使广西玉米生产发生巨大的变化，广西玉米单产和总产量都得到了显著的提高（程伟东和覃德斌，2010）。这个时期推广应用比较成功的品种包括桂单 22 号、隆玉 2 号、正大 619、迪卡 007、亚航 639 等，现在生产上正在使用的品种是桂单 0810、桂单 162 号、桂单 166、桂单 0811、桂单 688、桂单 901、油玉 909、三北 907、正大 719、青青 700、青青 500、恒玉 821、亚航 670、垦丰 909 等。与此同时，鲜食玉米品种的选育和应用也得到了极大的发展，推广应用面积比较大的品种包括玉美头 601、玉美头 606、桂糯 518、桂糯 519、桂甜糯 525 等。

目前，广西玉米生产上使用的杂交品种或多或少都含有优良种质资源的成分，这些种质资源包括墨黄 9 号、墨白一号和苏湾 1 号。中国著名的玉米杂交品种农大 108 含有 CIMMYT 热带种质资源 Tuxpeno-1（广西称之为墨白一号）的种质成分（许启凤，2003），该品种的推广应用已经新增了 59.18 亿元的经济效益。桂单 22 号（杨华铨等，2000）、亚航 639 的亲本自交系由墨黄 9 号选育而成，正大 619、桂单 0810、桂单 162 等品种含有苏湾类种质成分。这些优良种质资源现在还在广西一些地方有少量农户种植，在我们这次收集的种质资源中，渠洋墨白、大甲土墨白、上牙墨白、龙相墨白等农家品种都是墨白类种质资源，龙南苏湾、弄坝苏湾、江洞苏湾红、龙南苏湾变种等农家品种都是苏湾类种质资源。

另外，在育成推广应用的糯玉米杂交品种中，玉美头 601（黄开健等，2004）含有来自宜州区、都安瑶族自治县的糯玉米农家品种种质成分，玉美头 606 含有来自宜州区的糯玉米农家品种种质成分，桂糯 518（时成俏等，2011）含有来自宜州区、都安瑶族自治县、忻城县等地的糯玉米农家品种种质成分。其中，玉美头 601 在 2002～2012 年累计推广应用面积达到 6.712 万 hm^2，新增经济效益 1.37 亿元；桂糯 518 累计推广应用面积达到 20.567 万 hm^2，新增经济效益 9.15 亿元；这些品种都取得了显著的社会经济效益，为广西贫困山区脱贫和农民增收做出了积极贡献。

由此可见，广西玉米生产上推广应用的杂交品种多数都含有或多或少的广西优良玉米种质成分，其为广西玉米产业的发展做出了重要贡献。通过更加详细的鉴定评价和进一步的改良选育，广西优良的玉米种质资源将会发挥更加重要的作用，为推动广西玉米产业发展、保障我国粮食安全做出更大的贡献。

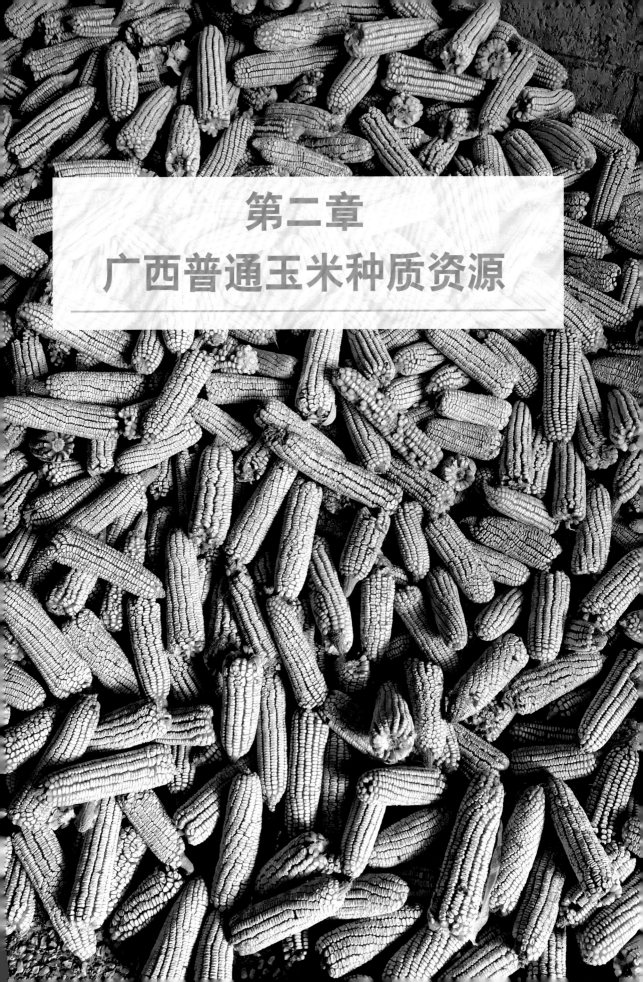

第二章
广西普通玉米种质资源

第一节　硬粒型普通玉米农家品种

1. 同乐白玉米

【采集地】广西南宁市隆安县都结乡同乐村。

【类型及分布】属于地方品种，硬粒型，该村及周边有少量种植。

【主要特征特性】[①] 在南宁种植，生育期 113 天，全株叶 19.2 片，株高 318.0cm，穗位高 195.4cm，果穗长 16.1cm，果穗粗 4.0cm，穗行数 13.0 行，行粒数 37.0 粒，果穗柱形，籽粒白色，硬粒型，轴芯白色，秃尖长 0.5cm。人工接种鉴定该品种中抗纹枯病和南方锈病，检测其籽粒蛋白质含量为 11.65%、脂肪含量为 4.67%、淀粉含量为 69.95%。

【利用价值】主要由农户自行留种，用作饲料。该品种抗病性较强，籽粒淀粉含量较高，可用于品种选育，但需降低株高和穗位高。

---

① 【主要特征特性】所列玉米种质资源的农艺性状数据均为 2016～2018 年田间鉴定数据的平均值，后文同

2. 同乐黄玉米

【采集地】广西南宁市隆安县都结乡同乐村。

【类型及分布】属于地方品种，硬粒型，该村有零星种植。

【主要特征特性】在南宁种植，生育期 108 天，全株叶 21.0 片，株型披散，株高 278.8cm，穗位高 124.4cm，果穗长 17.8cm，果穗粗 4.0cm，穗行数 12.4 行，行粒数 32.5 粒，出籽率 77.7%，千粒重 274.6g，果穗柱形，籽粒黄色，硬粒型，轴芯白色。人工接种鉴定该品种中抗纹枯病、抗南方锈病，检测其籽粒蛋白质含量为 12.95%、脂肪含量为 4.88%、淀粉含量为 66.19%。

【利用价值】该品种食用口感好，品质较好，抗病性较强，可用于品种选育。

3. 荣朋雪玉米

【采集地】广西南宁市隆安县都结乡荣朋村。

【类型及分布】属于地方品种，硬粒型，该村及周边有一定种植面积。

【主要特征特性】在南宁种植，生育期110天，全株叶20.0片，株型披散，株高274.1cm，穗位高123.0cm，果穗长17.4cm，果穗粗4.3cm，穗行数12.0行，行粒数27.8粒，出籽率73.4%，千粒重250.1g，果穗柱形，籽粒深红色，硬粒型，轴芯白色。人工接种鉴定该品种抗纹枯病，检测其籽粒蛋白质含量为12.42%、脂肪含量为4.23%、淀粉含量为66.75%。

【利用价值】主要用作饲料。该品种产量较高，可直接用于生产，也可用于品种选育。

4. 培洞黄玉米

【采集地】广西柳州市融水苗族自治县良寨乡培洞村。

【类型及分布】属于地方品种，硬粒型，该村及周边有零星种植。

【主要特征特性】在南宁种植，生育期99天，全株叶18.0片，株型披散，株高258.6cm，穗位高120.1cm，果穗长15.9cm，果穗粗3.3cm，穗行数12.6行，行粒数21.0粒，出籽率80.2%，千粒重185.6g，果穗锥形，籽粒黄色，硬粒型，轴芯白色。经检测，该品种籽粒蛋白质含量为13.65%、脂肪含量为4.47%、淀粉含量为65.80%。

【利用价值】主要用作饲料，少量食用。该品种生育期较短，株高和穗位高适宜，可用于品种选育，但应注意对抗病性的选择。

5. 和平红玉米

【采集地】广西柳州市融水苗族自治县同练瑶族乡和平村。

【类型及分布】属于地方品种，硬粒型，该村及周边有少量种植。

【主要特征特性】在南宁种植，生育期 101 天，全株叶 18.0 片，株型披散，株高 254.3cm，穗位高 118.3cm，果穗长 16.2cm，果穗粗 4.1cm，穗行数 14.0 行，行粒数 28.4 粒，出籽率 78.1%，千粒重 227.4g，果穗柱形，籽粒黄色或红色，硬粒型，轴芯白色。人工接种鉴定该品种中抗纹枯病和南方锈病，检测其籽粒蛋白质含量为 13.10%、脂肪含量为 4.64%、淀粉含量为 65.75%。

【利用价值】主要用作饲料。该品种比较早熟、品质好、抗病性较强、产量较高，既可以直接用于生产，也可用于品种改良。

6. 良双黄玉米

【采集地】广西柳州市融水苗族自治县红水乡良双村。

【类型及分布】属于地方品种，硬粒型，该村及周边有零星种植。

【主要特征特性】在南宁种植，生育期 105 天，全株叶 20.6 片，株高 278.6cm，穗位高 142.2cm，果穗长 15.6cm，果穗粗 3.7cm，穗行数 13.2 行，行粒数 30.0 粒，果穗锥形，籽粒黄色或红色（少量），硬粒型，轴芯白色，秃尖长 0.5cm。经检测，该品种籽粒蛋白质含量为 14.20%、脂肪含量为 4.41%、淀粉含量为 63.04%。

【利用价值】由农户自行留种、自产自销，主要用作饲料，也可煮制玉米粥食用。早熟性较好，籽粒蛋白质含量较高，品质好，可用于品种选育，但应注意提高其对纹枯病和南方锈病的抗性，并降低空秆率和穗位高。

7. 花籽黄玉米

【采集地】广西柳州市融水苗族自治县杆洞乡花籽村。

【类型及分布】属于地方品种，硬粒型，该村及周边有零星种植。

【主要特征特性】在南宁种植，生育期 93 天，全株叶 16.0 片，株型披散，株高 200.3cm，穗位高 74.3cm，果穗长 11.9cm，果穗粗 3.6cm，穗行数 14.0 行，行粒数 23.5 粒，出籽率 69.6%，千粒重 170.3g，果穗锥形，籽粒黄色，硬粒型，轴芯白色。人工接种鉴定该品种中抗南方锈病，检测其籽粒蛋白质含量为 14.04%、脂肪含量为 4.90%、淀粉含量为 62.15%。

【利用价值】主要用作饲料，有时也作口粮。该品种籽粒蛋白质含量较高，食用时口感较好，早熟，中抗南方锈病，植株不高，穗位低，可用于品种选育。

8. 围岭白玉米

【采集地】广西桂林市临桂区黄沙瑶族乡围岭村。

【类型及分布】属于地方品种，硬粒型，该村及周边有零星种植。

【主要特征特性】在南宁种植，生育期 94 天，全株叶 20.0 片，株型披散，株高 265.4cm，穗位高 120.8cm，果穗长 13.5cm，果穗粗 4.0cm，穗行数 10.4 行，行粒数 22.9 粒，出籽率 75.7%，千粒重 264.9g，果穗锥形，籽粒白色，硬粒型，轴芯白色或红色（少量）。田间记载该品种感纹枯病和南方锈病，检测其籽粒蛋白质含量为 12.64%、脂肪含量为 4.50%、淀粉含量为 66.76%。

【利用价值】主要用作饲料。该品种早熟性较好，抗旱、耐贫瘠性较强，可用于品种选育，但应注意改良其抗病性、提高产量潜力。

9. 长洲本地玉米

【采集地】广西桂林市兴安县漠川乡长洲村。

【类型及分布】属于地方品种，硬粒型，该村及周边有零星种植。

【主要特征特性】在南宁种植，生育期97天，全株叶18.0片，株型披散，株高223.0cm，穗位高85.0cm，果穗长14.0cm，果穗粗3.6cm，穗行数12.8行，行粒数26.0粒，出籽率79.8%，千粒重250.1g，果穗锥形，籽粒花色，硬粒型，轴芯白色。经检测，该品种籽粒蛋白质含量为13.33%、脂肪含量为4.41%、淀粉含量为66.22%。

【利用价值】主要用作饲料，少量食用。该品种生育期较短，株高和穗位高适宜，可用于品种选育，但应注意对抗病性的选择。

10. 烟竹花玉米

【采集地】广西桂林市资源县两水苗族乡烟竹村。

【类型及分布】属于地方品种，硬粒型，该村及周边有零星种植。

【主要特征特性】在南宁种植，生育期104天，全株叶17.0片，株高239.7cm，穗位高92.3cm，果穗长15.9cm，果穗粗4.6cm，穗行数14.4行，行粒数31.0粒，果穗柱形，籽粒黄色、杂有紫色，硬粒型，轴芯白色。人工接种鉴定该品种中抗南方锈病，检测其籽粒蛋白质含量为12.11%、脂肪含量为4.61%、淀粉含量为68.86%。

【利用价值】由农户自行留种、自产自销，主要用作饲料，也可作为粮食食用，品质较好，用于煮制玉米粥食用。该品种株高和穗位高适宜，抗倒性较好，适应性较广，生产上应做好病害的防治，可用于品种改良或选育。

种质名称：烟竹花玉米
采集编号：P450329017

种质名称：烟竹花玉米
采集编号：P450329017

11. 陇位本地玉米

【采集地】广西百色市德保县巴头乡陇位村。

【类型及分布】属于地方品种，硬粒型，该村及周边有少量种植。

【主要特征特性】在南宁种植，生育期 97 天，全株叶 23.0 片，株高 348.0cm，穗位高 176.6cm，果穗长 15.8cm，果穗粗 3.6cm，穗行数 11.8 行，行粒数 22.0 粒，出籽率 80.0%，千粒重 301.5g，果穗锥形，籽粒淡黄色，硬粒型，轴芯红色或白色。经检测，该品种籽粒蛋白质含量为 11.60%、脂肪含量为 5.02%、淀粉含量为 69.11%。

【利用价值】主要用作饲料，有时用于煮制玉米粥食用。该品种植株和穗位太高、易倒伏，果穗长而小，产量低，可作为种质资源进行保存。

种质名称：陇位本地玉米
采集编号：P451024019

12. 达腊黄玉米

【采集地】广西百色市靖西市南坡乡达腊村。

【类型及分布】属于地方品种，硬粒型，该村及周边有零星种植。

【主要特征特性】在南宁种植，生育期105天，全株叶20.0片，株高298.2cm，穗位高151.0cm，果穗长17.4cm，果穗粗4.4cm，穗行数12.0行，行粒数35.0粒，出籽率79.9%，千粒重339.0g，果穗柱形，籽粒黄色，硬粒型，轴芯白色。田间记载该品种感纹枯病和南方锈病，检测其籽粒蛋白质含量为13.22%、脂肪含量为4.69%、淀粉含量为67.01%。

【利用价值】主要用作饲料，有时也用于煮制玉米粥食用。该品种生育期较适宜，但植株和穗位太高、易倒伏，果穗较长，籽粒大，千粒重较高，可用于品种选育，但应注意对抗病性的选择、降低株高和穗位高。

种质名称：达腊黄玉米
采集编号：P451025010

种质名称：达腊黄玉米
采集编号：P451025010

13. 平门黄玉米

【采集地】广西百色市隆林各族自治县沙梨乡委尧村。

【类型及分布】属于地方品种，硬粒型，该村及周边有零星种植。

【主要特征特性】在南宁种植，生育期113天，全株叶21.8片，株高291.8cm，穗位高165.4cm，果穗长15.4cm，果穗粗4.4cm，穗行数13.8行，行粒数28.8粒，果穗柱形，籽粒黄色，硬粒型，轴芯白色，秃尖长0.4cm。人工接种鉴定该品种抗纹枯病、中抗南方锈病，检测其籽粒蛋白质含量为11.76%、脂肪含量为4.43%、淀粉含量为70.06%。

【利用价值】主要由农户自行留种，作为粮食食用时口感较好。该品种抗病性较强，籽粒淀粉含量高，具有优质、抗旱、耐寒、广适、耐贫瘠等特征，可用于品种选育，但应降低株高和穗位高。

14. 八峰红玉米

【采集地】广西百色市隆林各族自治县隆或镇八峰村。

【类型及分布】属于地方品种，硬粒型，该村及周边有少量种植。

【主要特征特性】　在南宁种植，生育期 112 天，全株叶 21.0 片，株型披散，株高 305.0cm，穗位高 147.2cm，果穗长 18.0cm，果穗粗 4.7cm，穗行数 14.4 行，行粒数 35.0 粒，出籽率 72.3%，千粒重 304.5g；果穗锥形，籽粒红色，硬粒型，轴芯白色。人工接种鉴定该品种高抗纹枯病、抗南方锈病，检测其籽粒蛋白质含量为 12.83%、脂肪含量为 4.44%、淀粉含量为 63.58%。

【利用价值】主要用作饲料。该品种具有优质、抗病、抗旱、耐寒、广适、耐贫瘠等特点，籽粒大，产量较高，但淀粉含量低，可用于品种选育，但应注意改良并降低株高和穗位高。

15. 良利雪玉米

【采集地】广西河池市凤山县凤城镇良利村。

【类型及分布】属于地方品种，硬粒型，该村及周边有少量种植。

【主要特征特性】在南宁种植，生育期 94 天，全株叶 16.0 片，株高 231.0cm，穗位高 88.2cm，果穗长 14.3cm，果穗粗 4.0cm，穗行数 12.6 行，行粒数 25.0 粒，出籽率 82.5%，千粒重 287.8g，果穗锥形，籽粒红色，硬粒型，轴芯白色。田间记载该品种高感纹枯病、感南方锈病，检测其籽粒蛋白质含量为 12.12%、脂肪含量为 4.77%、淀粉含量为 68.33%。

【利用价值】主要用作饲料。该品种较早熟，植株矮，穗位低，籽粒脂肪和淀粉含量较高，可用于品种选育，但应注意对抗病性的选择。

16. 加而白玉米

【**采集地**】广西河池市巴马瑶族自治县西山乡加而村。

【**类型及分布**】属于地方品种，硬粒型，该村及周边有少量种植。

【**主要特征特性**】在南宁种植，生育期 113 天，全株叶 21.8 片，株高 325.0cm，穗位高 165.2cm，果穗长 15.6cm，果穗粗 4.3cm，穗行数 12.4 行，行粒数 32.4 粒，果穗柱形，籽粒白色，硬粒型，轴芯白色，秃尖长 1.0cm。人工接种鉴定该品种中抗纹枯病、感南方锈病，检测其籽粒蛋白质含量为 10.95%、脂肪含量为 4.75%、淀粉含量为 70.36%。

【**利用价值**】由农户自行留种，主要用作饲料和口粮，食用口感好。该品种具有籽粒淀粉含量高、品质好、抗虫等特性，可用于品种选育，但应改良其对南方锈病的抗性、降低株高和穗位高。

17. 珍珠黄玉米

【采集地】广西河池市巴马瑶族自治县西山乡拉林村。

【类型及分布】属于地方品种，硬粒型，该乡各村有少量种植。

【主要特征特性】在南宁种植，生育期107天，全株叶20.2片，株高269.8cm，穗位高108.4cm，果穗长15.7cm，果穗粗4.2cm，穗行数12.0行，行粒数32.4粒，果穗柱形，籽粒黄色，硬粒型，轴芯白色，秃尖长0.8cm。人工接种鉴定该品种中抗纹枯病、感南方锈病，检测其籽粒蛋白质含量为11.47%、脂肪含量为4.48%、淀粉含量为70.94%。

【利用价值】由农户自行留种，过去是红军的主要粮食，现在主要用于饲喂畜禽，用于煮制玉米粥食用时口感较好。该品种籽粒颜色鲜亮，具有品质较好、籽粒淀粉含量高、抗虫、抗旱、耐贫瘠等特性，可用于品种选育，但应改良其对南方锈病的抗性。

18. 罗香黄玉米

【采集地】广西来宾市金秀瑶族自治县罗香乡罗香村。

【类型及分布】属于地方品种，硬粒型，该村及周边有零星种植。

【主要特征特性】在南宁种植，生育期97天，全株叶22.0片，株型披散，株高310.0cm，穗位高151.0cm，果穗长15.7cm，果穗粗3.5cm，穗行数11.0行，行粒数20.0粒，出籽率69.5%，千粒重206.6g，果穗锥形，籽粒橘黄色，硬粒型，轴芯白色或红色，秃尖长1.5cm。经检测，该品种籽粒蛋白质含量为14.01%、脂肪含量为5.11%、淀粉含量为65.46%。

【利用价值】主要用作饲料，少量用于煮制玉米粥食用。该品种植株高大，穗位太高，果穗长而小，籽粒浅，产量低，可作为种质资源进行保存。

种质名称：罗香黄玉米
采集编号：P451324032

19. 七节黄玉米

【采集地】广西崇左市天等县龙茗镇进宁村。

【类型及分布】属于地方品种，硬粒型，该镇一些村有零星种植，因果穗着生于第7节间而得名。

【主要特征特性】在南宁种植，生育期92天，全株叶19.4片，株高293.6cm，穗位高129.2cm，果穗长15.0cm，果穗粗4.1cm，穗行数12.2行，行粒数30.0粒，果穗锥形，籽粒黄色，硬粒型，轴芯白色。经检测，该品种籽粒蛋白质含量为11.86%、脂肪含量为4.49%、淀粉含量为68.96%。

【利用价值】由农户自行留种、自产自销，主要用作饲料，也用于煮制玉米粥食用。该品种具有品质较优、抗病性强、适应性广等特性，目前生产上可直接种植利用，也可用于普通玉米品种的改良和选育。

种质名称：七节黄玉米
采集编号：P451425007

20. 汪乐白玉米

【采集地】广西防城港市上思县南屏瑶族乡汪乐村。

【类型及分布】属于地方品种，硬粒型，该村有零星种植。

【主要特征特性】在南宁种植，生育期93天，全株叶20.0片，株高257.9cm，穗位高115.0cm，果穗长13.4cm，果穗粗4.1cm，穗行数12.2行，行粒数28.9粒，出籽率82.4%，千粒重284.7g，果穗锥形，籽粒白色，硬粒型，轴芯白色。田间记载该品种高感纹枯病、感南方锈病，检测其籽粒蛋白质含量为12.68%、脂肪含量为4.23%、淀粉含量为68.90%。

【利用价值】该品种早熟性好，食用口感较好，可用于品种选育，但应注意对抗病性的选择。

21. 汪乐黄玉米

【采集地】广西防城港市上思县南屏瑶族乡汪乐村。

【类型及分布】属于地方品种，硬粒型，该村及周边有零星种植。

【主要特征特性】在南宁种植，生育期 97 天，全株叶 18.0 片，株型披散，株高 244.8cm，穗位高 108.1cm，果穗长 15.8cm，果穗粗 3.7cm，穗行数 15.2 行，行粒数 32.0 粒，出籽率 76.1%，千粒重 182.6g，果穗柱形，籽粒黄色，硬粒型，轴芯白色。经检测，该品种籽粒蛋白质含量为 12.31%、脂肪含量为 4.31%、淀粉含量为 68.31%。

【利用价值】主要用作饲料，少量食用。该品种具有生育期较短、株高和穗位高适宜、果穗较长等特性，可用于品种选育，但应注意对抗病性的选择、提高出籽率和产量。

22. 百马白玉米

【采集地】广西防城港市上思县南屏瑶族乡常隆村。

【类型及分布】属于地方品种，硬粒型，该村有少量种植。

【主要特征特性】在南宁种植，生育期93天，全株叶17.0片，株型披散，株高235.7cm，穗位高111.4cm，果穗长13.9cm，果穗粗3.8cm，穗行数12.6行，行粒数28.4粒，出籽率82.8%，千粒重239.1g，果穗柱形，籽粒白色，硬粒型，轴芯白色。田间记载该品种高感纹枯病、感南方锈病，检测其籽粒蛋白质含量为12.88%、脂肪含量为4.65%、淀粉含量为68.58%。

【利用价值】主要作饲料使用，用作口粮食用时口感较好。该品种具有早熟性较好、株高和穗位高适宜、品质较好等特性，用于品种选育时应注意对抗病性的选择。

23. 常隆白玉米

【采集地】广西防城港市上思县南屏瑶族乡常隆村。

【类型及分布】属于地方品种，硬粒型，该村及周边有零星种植。

【主要特征特性】在南宁种植，生育期94天，全株叶20.2片，株高253.0cm，穗位高122.4cm，果穗长14.4cm，果穗粗4.0cm，穗行数12.4行，行粒数28.8粒，果穗锥形，籽粒白色、杂有少量紫色，硬粒型，轴芯白色，秃尖长0.1cm。人工接种鉴定该品种感纹枯病和南方锈病，检测其籽粒蛋白质含量为10.86%、脂肪含量为4.50%、淀粉含量为71.26%。

【利用价值】由农户自行留种，主要用作饲料，用于煮制玉米粥食用时口感较好。该品种具有早熟、植株较矮、籽粒淀粉含量高等特性，可用于育种，但应改良其抗病性。

24. 巴乃白玉米

【采集地】广西防城港市上思县南屏瑶族乡巴乃村。

【类型及分布】属于地方品种，硬粒型，该村及周边有零星种植。

【主要特征特性】在南宁种植，生育期93天，全株叶19.0片，株型披散，株高245.5cm，穗位高111.7cm，果穗长13.7cm，果穗粗4.1cm，穗行数13.2行，行粒数27.0粒，出籽率80.0%，千粒重225.9g，果穗锥形，籽粒白色，硬粒型，轴芯白色。经检测，该品种籽粒蛋白质含量为13.37%、脂肪含量为4.82%、淀粉含量为66.93%。

【利用价值】主要用作饲料，较少直接食用。该品种具有早熟性好、株高和穗位高较适宜、品质较好等特性，可用于品种选育，但应注意对抗病性的选择、改良果穗性状和提高产量。

25. 礼茶黄玉米

【采集地】广西崇左市凭祥市友谊镇礼茶村。

【类型及分布】属于地方品种，硬粒型，该村及周边有零星种植。

【主要特征特性】在南宁种植，生育期 101 天，全株叶 19.0 片，株型较紧凑，株高 234.5cm，穗位高 98.4cm，果穗长 15.9cm，果穗粗 4.1cm，穗行数 13.0 行，行粒数 32.0 粒，出籽率 73.8%，千粒重 243.0g，果穗柱形，籽粒黄色，硬粒型，轴芯白色。经检测，该品种籽粒蛋白质含量为 12.59%、脂肪含量为 4.58%、淀粉含量为 63.63%。

【利用价值】主要用作饲料，很少食用。该品种生育期、株高、穗位高比较适宜，具有果穗较长等特性，可用于品种选育，但应注意对抗病性的选择、改良果穗性状和提高结实率。

26. 隆福白玉米

【采集地】广西河池市都安瑶族自治县隆福乡隆福村。

【类型及分布】属于地方品种，硬粒型，该村及周边有少量种植。

【主要特征特性】在南宁种植，生育期113天，全株叶22.0片，株高330.0cm，穗位高185.2cm，果穗长18.6cm，果穗粗4.5cm，穗行数11.6行，行粒数40.0粒，出籽率78.5%，千粒重281.0g，果穗柱形，籽粒白色，硬粒型，轴芯白色。人工接种鉴定该品种高抗纹枯病、抗南方锈病，检测其籽粒蛋白质含量为11.48%、脂肪含量为4.88%、淀粉含量为69.11%。

【利用价值】主要用作饲料，也用于煮制玉米粥食用。该品种具有抗病性强、籽粒淀粉含量较高等特性，可用于品种选育，但应注意降低株高和穗位高、提高产量潜力。

27. 崇山黄玉米

【采集地】广西河池市都安瑶族自治县隆福乡崇山村。

【类型及分布】属于地方品种，硬粒型，该村及周边有零星种植。

【主要特征特性】在南宁种植，生育期108天，全株叶22.0片，株型披散，株高311.3cm，穗位高161.3cm，果穗长19.1cm，果穗粗4.3cm，穗行数11.2行，行粒数34.0粒，出籽率81.1%，千粒重315.0g，果穗柱形，籽粒黄色，硬粒型，轴芯白色。人工接种鉴定该品种抗纹枯病、中抗南方锈病，检测其籽粒蛋白质含量为12.62%、脂肪含量为4.56%、淀粉含量为68.90%。

【利用价值】主要用作饲料，用于煮制玉米粥食用时口感较好。该品种具有抗病性较强、籽粒较大和淀粉含量较高、品质较好等特性，可用于品种改良和选育，但应注意降低株高和穗位高。

28. 越南 SSC131

【采集地】广西崇左市凭祥市上石镇浦门村。

【类型及分布】属于地方品种，硬粒型，从越南边境引入，该村及周边有少量种植。

【主要特征特性】在南宁种植，生育期113天，全株叶18.6片，株高250.8cm，穗位高127.6cm，果穗长16.0cm，果穗粗4.2cm，穗行数12.8行，行粒数36.6粒，出籽率82.4%，千粒重236.0g，果穗锥形，籽粒黄色，硬粒型，轴芯白色。人工接种鉴定该品种抗南方锈病，检测其籽粒蛋白质含量为11.93%、脂肪含量为4.76%、淀粉含量为67.72%。

【利用价值】主要用作饲料。该品种具有籽粒鲜黄、品质好、食用时口感较好、株高适宜、生育期较长等特性，可用于选育新品种，但应注意对穗位高和纹枯病抗性的选择。

2015453404

种质名称：越南 SSC131
采集编号：2015453404

29. 黄岩苞谷

【采集地】广西百色市凌云县泗城镇陇浩村。

【类型及分布】属于地方品种，硬粒型，该村及周边有零星种植。

【主要特征特性】在南宁种植，生育期 99 天，全株叶 22.0 片，株高 294.7cm，穗位高 177.4cm，果穗长 12.7cm，果穗粗 3.6cm，穗行数 10.8 行，行粒数 23.6 粒，出籽率 60.7%，千粒重 238.5g，果穗锥形，籽粒黄色、杂有少量白色，硬粒型，轴芯白色，轴芯较粗，籽粒较浅。人工接种鉴定该品种抗纹枯病，检测其籽粒蛋白质含量为 13.93%、脂肪含量为 4.73%、淀粉含量为 63.71%。

【利用价值】主要用作饲料，用于煮制玉米粥食用时口感好。该品种具有植株高大、籽粒蛋白质含量较高、品质较优等特性，可用于育种，但应注意对穗位高、易倒伏、出籽率低等性状的改良和选择。

2015453411

2015453411

30. 芝东本地玉米

【采集地】广西柳州市融水苗族自治县红水乡芝东村。

【类型及分布】属于地方品种，硬粒型，该村及周边有零星种植。

【主要特征特性】在南宁种植，生育期 94 天，全株叶 16.0 片，株高 217.0cm，穗位高 88.0cm，果穗长 15.8cm，果穗粗 3.8cm，穗行数 15.6 行，行粒数 35.0 粒，出籽率 81.1%，千粒重 131.0g，果穗柱形，籽粒黄色，硬粒型，轴芯白色。经检测，该品种籽粒蛋白质含量为 12.74%、脂肪含量为 4.50%、淀粉含量为 63.88%。

【利用价值】主要用作饲料，有时用于制作爆米花食用。该品种具有早熟性好、株高和穗位高适宜、果穗较长、籽粒小等特性，可用于品种选育，但应注意对抗病性的选择、改良果穗性状和增加千粒重。

31. 良双晚玉米

【采集地】广西柳州市融水苗族自治县红水乡良双村。

【类型及分布】属于地方品种，硬粒型，该村有零星种植。

【主要特征特性】在南宁种植，生育期94天，全株叶20.0片，株高213.5cm，穗位高111.3cm，果穗长13.2cm，果穗粗3.4cm，穗行数12.4行，行粒数26.8粒，果穗柱形，籽粒黄色，硬粒型，轴芯白色。经检测，该品种籽粒蛋白质含量为13.75%、脂肪含量为4.58%、淀粉含量为64.29%。

【利用价值】由农户自行留种、自产自销，主要用作饲料，也用于煮制玉米粥食用。该品种具有籽粒蛋白质含量较高、品质优、株高和穗位高适宜、抗倒性好、适应性较广等特性，可用于品种选育，但应注意对抗病性的改良和选择。

种质名称：良双晚玉米
采集编号：2016451284

32. 东门黄玉米

【采集地】广西崇左市扶绥县中东镇新灵村。

【类型及分布】属于地方品种，硬粒型，该村及周边有少量种植。

【主要特征特性】在南宁种植，生育期98天，全株叶18.9片，株高249.7cm，穗位高107.8cm，果穗长14.4cm，果穗粗5.0cm，穗行数14.6行，行粒数29.0粒，出籽率79.1%，千粒重297.9g，果穗柱形，籽粒黄色，硬粒型，轴芯白色。田间记载该品种中抗南方锈病，检测其籽粒蛋白质含量为14.42%、脂肪含量为5.15%、淀粉含量为66.66%。

【利用价值】主要用作饲料，也用作口粮。该品种具有株高和穗位高适宜、果穗较粗、结实性好、籽粒亮黄、籽粒蛋白质和脂肪含量高、品质优等特性，是选育优质玉米的优异种质资源，用于新品种选育时应注意提高出籽率、增强抗病性。

种质名称：东门黄玉米

采集编号：2016453028

33. 板包黄玉米

【采集地】广西崇左市扶绥县东门镇板包村。

【类型及分布】属于地方品种，硬粒型，该村及周边有少量种植。

【主要特征特性】在南宁种植，生育期 113 天，全株叶 18.0 片，株高 255.8cm，穗位高 116.2cm，果穗长 17.8cm，果穗粗 4.6cm，穗行数 15.6 行，行粒数 37.4 粒，出籽率 81.9%，千粒重 253g，果穗柱形，籽粒黄色，硬粒型，轴芯白色。田间记载该品种抗南方锈病，检测其籽粒蛋白质含量为 13.02%、脂肪含量为 4.32%、淀粉含量为 67.78%。

【利用价值】主要用作饲料，也用于煮制玉米粥食用。该品种具有籽粒亮黄、品质优、果穗较长、结实性好等特性，可用于品种选育，但应注意对纹枯病抗性的选择、适当缩短生育期。

种质名称：板包黄玉米
采集编号：2016453043

34. 渠齐黄玉米

【采集地】广西崇左市扶绥县柳桥镇渠齐村。

【类型及分布】属于地方品种，硬粒型，该村及周边有少量种植。

【主要特征特性】在南宁种植，生育期 98 天，全株叶 18.5 片，株高 220.7cm，穗位高 99.8cm，果穗长 15.7cm，果穗粗 4.4cm，穗行数 10.4 行，行粒数 33.6 粒，出籽率 79.8%，千粒重 310.9g，果穗锥形，籽粒黄色，硬粒型，轴芯白色。田间记载该品种高感纹枯病、抗南方锈病，检测其籽粒蛋白质含量为 13.92%、脂肪含量为 4.43%、淀粉含量为 67.74%。

【利用价值】主要作饲料使用，也用于煮制玉米粥食用。该品种具有籽粒蛋白质含量较高、品质较优、食用品质好、早熟等特性，是选育早熟优质玉米新品种的优异种质资源，但应注意提高出籽率、对纹枯病抗性的选择。

种质名称：渠齐黄玉米
采集编号：2016453067

35. 花贡本地玉米

【采集地】广西百色市西林县八达镇花贡村。

【类型及分布】属于地方品种，硬粒型，该村及周边有零星种植。

【主要特征特性】在南宁种植，生育期 103 天，全株叶 21.0 片，株型披散，株高 295.5cm，穗位高 134.7cm，果穗长 14.5cm，果穗粗 3.5cm，穗行数 11.8 行，行粒数 28.0 粒，出籽率 70.8%，千粒重 226.5g，果穗锥形，籽粒黄色，硬粒型，轴芯白色。经检测，该品种籽粒蛋白质含量为 12.08%、脂肪含量为 4.25%、淀粉含量为 70.02%。

【利用价值】主要用作饲料，有时也作口粮食用。该品种生育期较短，可用于品种改良，但应注意对抗病性的选择、降低株高、提高出籽率与产量。

36. 上牙黄苞谷

【采集地】广西河池市凤山县金牙瑶族乡上牙村。

【类型及分布】属于地方品种，硬粒型，该村及周边有一定种植面积。

【主要特征特性】在南宁种植，生育期103天，全株叶22.0片，株型披散，株高310.5cm，穗位高166.2cm，果穗长15.3cm，果穗粗4.2cm，穗行数12.4行，行粒数31.0粒，出籽率75.3%，千粒重247.4g，果穗柱形，籽粒黄色，硬粒型，轴芯白色。田间记载该品种抗纹枯病、中抗南方锈病，检测其籽粒蛋白质含量为12.26%、脂肪含量为4.58%、淀粉含量为67.95%。

【利用价值】主要用于饲喂牲畜，有时也作口粮。该品种具有抗病性较强、品质较优等特性，可用于品种选育，但应注意改良植株性状、降低株高和穗位高。

种质名称：上牙黄苞谷
采集编号：2016453764

37. 蚌贝黄玉米

【采集地】广西贺州市富川瑶族自治县朝东镇蚌贝村。

【类型及分布】属于地方品种，硬粒型，该村及周边有零星种植。

【主要特征特性】在南宁种植，生育期 92 天，全株叶 21.0 片，株高 202.0cm，穗位高 96.2cm，果穗长 11.4cm，果穗粗 2.7cm，穗行数 10.0 行，行粒数 12.0 粒，出籽率 70.3%，千粒重 169.0g，果穗锥形，籽粒黄色，硬粒型，轴芯白色。经检测，该品种籽粒蛋白质含量为 14.18%、脂肪含量为 4.49%、淀粉含量为 65.48%。

【利用价值】主要用作饲料，直接食用较少。该品种具有早熟性好、植株矮小、品质较好、穗小粒小、产量低等特性，可作为种质资源进行保存。

38. 龙南雪玉米

【采集地】广西百色市乐业县逻沙乡龙南村。

【类型及分布】属于地方品种，硬粒型，该村有零星种植。

【主要特征特性】在南宁种植，生育期 90 天，全株叶 22.0 片，株高 310.4cm，穗位高 164.2cm，果穗长 16.4cm，果穗粗 4.6cm，穗行数 15.2 行，行粒数 28.0 粒，出籽率 71.7%，千粒重 210.5g，果穗柱形，籽粒红色，硬粒型，轴芯白色。田间记载该品种中抗纹枯病和南方锈病，检测其籽粒蛋白质含量为 13.82%、脂肪含量为 4.08%、淀粉含量为 66.38%。

【利用价值】主要用于饲喂牲畜，有时也食用。该品种籽粒较大、品质较好、抗病性一般，可用于品种改良和选育。

种质名称：龙南雪玉米
采集编号：2017453002

39. 龙南苏湾玉米

【采集地】广西百色市乐业县逻沙乡龙南村。

【类型及分布】属于地方品种，硬粒型，该村及周边有一定种植面积。

【主要特征特性】在南宁种植，生育期 87 天，全株叶 22.0 片，株高 330.2cm，穗位高 182.2cm，果穗长 17.5cm，果穗粗 4.7cm，穗行数 15.6 行，行粒数 28.0 粒，出籽率 76.9%，千粒重 280.1g，果穗锥形，籽粒红色或黄色，硬粒型，轴芯白色。人工接种鉴定该品种中抗纹枯病、抗南方锈病，检测其籽粒蛋白质含量为 11.50%、脂肪含量为 4.17%、淀粉含量为 69.75%。

【利用价值】主要用于饲喂牲畜，有时也食用。该品种具有抗病性较强、果穗粗长、籽粒淀粉含量较高等特性，可用于品种选育。

种质名称：龙南苏湾玉米
采集编号：2017453003

40. 龙南墨白

【采集地】广西百色市乐业县逻沙乡龙南村。

【类型及分布】属于地方品种，硬粒型，该村有零星种植。

【主要特征特性】在南宁种植，生育期 95 天，全株叶 21.0 片，株高 312.2cm，穗位高 165.4cm，果穗长 14.7cm，果穗粗 4.4cm，穗行数 13.4 行，行粒数 21.6 粒，果穗锥形，籽粒深黄色，硬粒型，轴芯白色。人工接种鉴定该品种中抗纹枯病，检测其籽粒蛋白质含量为 12.82%、脂肪含量为 4.11%、淀粉含量为 65.68%。

【利用价值】由农户自行留种、自产自销，主要用作饲料，用于煮制玉米粥食用时口感较好。该品种具有植株较高、易倒伏、品质较好、适应性广等特性，可用于品种改良和选育。

种质名称：龙南墨白
采集编号：2017453004

41. 龙南血红玉米

【采集地】广西百色市乐业县逻沙乡龙南村。

【类型及分布】属于地方品种，硬粒型，该村有零星种植。

【主要特征特性】在南宁种植，生育期 97 天，全株叶 18.6 片，株高 343.6cm，穗位高 195.0cm，果穗长 17.9cm，果穗粗 4.3cm，穗行数 12.2 行，行粒数 35.6 粒，果穗锥形，籽粒深红色，硬粒型，轴芯白色。人工接种鉴定该品种中抗纹枯病和南方锈病，检测其籽粒蛋白质含量为 12.99%、脂肪含量为 4.49%、淀粉含量为 66.62%。

【利用价值】由农户自行留种、自产自销，主要用作饲料，有时也食用。该品种具有植株较高、易倒伏、品质好、适应性广等特性，可用作普通玉米改良材料。

种质名称：龙南血红玉米
采集编号：2017453005

42. 龙南红玉米

【采集地】广西百色市乐业县逻沙乡龙南村。

【类型及分布】属于地方品种，硬粒型，该村及周边有少量种植。

【主要特征特性】在南宁种植，生育期 102 天，全株叶 21.0 片，株高 299.2cm，穗位高 167.8cm，果穗长 14.3cm，果穗粗 4.5cm，穗行数 14.0 行，行粒数 32.0 粒，果穗锥形，籽粒红色，硬粒型，轴芯白色，秃尖长 1.4cm。人工接种鉴定该品种抗纹枯病和南方锈病，检测其籽粒蛋白质含量为 13.52%、脂肪含量为 4.68%、淀粉含量为 66.66%。

【利用价值】由农户自行留种，主要用作饲料，有时也鲜食或煮制玉米粥食用，口感较好。该品种较早熟、品质好，可用于育种，但应注意降低株高和穗位高。

种质名称：龙南红玉米
采集编号：2017453006

43. 龙南苏湾变种

【采集地】广西百色市乐业县逻沙乡龙南村。

【类型及分布】属于地方品种，硬粒型，该村及周边有少量种植。

【主要特征特性】在南宁种植，生育期 92 天，全株叶 21.0 片，株高 324.6cm，穗位高 168.6cm，果穗长 17.9cm，果穗粗 4.9cm，穗行数 14.8 行，行粒数 33.0 粒，出籽率 80.1%，千粒重 254.8g，果穗柱形，籽粒红色或黄色，硬粒型，轴芯白色。经检测，该品种籽粒蛋白质含量为 12.52%、脂肪含量为 4.61%、淀粉含量为 68.91%。

【利用价值】主要用作饲料，有时也作口粮。该品种具有较早熟、植株高大、穗位太高、易倒伏、果穗较长较粗、品质较好等特性，可用于品种选育，但应注意降低株高和穗位高、提高抗病性和抗倒性。

种质名称：龙南苏湾变种
采集编号：2017453007

44. 岜木本地黄

【采集地】广西百色市乐业县花坪镇岜木村。

【类型及分布】属于地方品种，硬粒型，该村及周边有一定种植面积。

【主要特征特性】在南宁种植，生育期 97 天，全株叶 22.0 片，株高 310.8cm，穗位高 184.4cm，果穗长 17.2cm，果穗粗 4.6cm，穗行数 13.6 行，行粒数 29.0 粒，出籽率 76.8%，千粒重 218.5g，果穗锥形，籽粒黄色，硬粒型，轴芯白色。人工接种鉴定该品种中抗纹枯病、抗南方锈病，检测其籽粒蛋白质含量为 13.22%、脂肪含量为 4.70%、淀粉含量为 66.05%。

【利用价值】主要用作饲料，有时也食用。该品种具有抗病性较强、果穗粗长、品质较好等特性，可用于品种选育，但应注意降低株高和穗位高、提高出籽率和产量。

种质名称：岜木本地黄
采集编号：2017453008

45. 江洞苏湾红

【采集地】广西百色市田林县浪平乡江洞村。

【类型及分布】属于地方品种，硬粒型，该村及周边有一定种植面积。

【主要特征特性】在南宁种植，生育期102天，全株叶22.0片，株高334.6cm，穗位高190.2cm，果穗长17.2cm，果穗粗4.9cm，穗行数13.2行，行粒数27.0粒，出籽率70.5%，千粒重284.6g，果穗锥形，籽粒红色，硬粒型，轴芯白色。田间记载该品种中抗纹枯病、感南方锈病，检测其籽粒蛋白质含量为10.70%、脂肪含量为3.93%、淀粉含量为71.68%。

【利用价值】主要用作饲料，有时也食用。该品种具有适应性广、果穗粗长、籽粒淀粉含量高、植株和穗位太高、易倒伏等特性，可用于品种选育，但应注意对植株性状的选择、改良或降低株高和穗位高。

种质名称：江洞苏湾红
采集编号：2017453013

46. 江洞苏湾变种

【采集地】广西百色市田林县浪平乡江洞村。

【类型及分布】属于地方品种，硬粒型，该村及周边有一定种植面积。

【主要特征特性】在南宁种植，生育期100天，全株叶22.0片，株高357.0cm，穗位高203.4cm，果穗长17.2cm，果穗粗4.9cm，穗行数14.4行，行粒数30.0粒，出籽率76.2%，千粒重241.8g，果穗锥形，花丝黄绿色或粉红色，籽粒红色或黄色，硬粒型，轴芯白色。田间记载该品种感纹枯病和南方锈病，检测其籽粒蛋白质含量为14.39%、脂肪含量为4.06%、淀粉含量为65.55%。

【利用价值】主要用作饲料。该品种具有籽粒蛋白质含量高、果穗粗长、籽粒大等特性，可用于选育高蛋白和优质新品种，但应注意对抗病性的选择、改良植株性状、降低株高和穗位高。

47. 江洞黄玉米

【采集地】广西百色市田林县浪平乡江洞村。

【类型及分布】属于地方品种，硬粒型，该村及周边有零星种植。

【主要特征特性】在南宁种植，生育期103天，全株叶22.0片，株型披散，株高357.0cm，穗位高215.0cm，果穗长14.4cm，果穗粗3.6cm，穗行数12.2行，行粒数22.0粒，出籽率61.5%，千粒重215.7g，果穗锥形，籽粒黄色、杂有少量紫色、硬粒型，轴芯白色。经检测，该品种籽粒蛋白质含量为13.87%、脂肪含量为4.02%、淀粉含量为67.35%。

【利用价值】主要用作饲料。该品种生育期较短，可用于品种改良，但应注意对抗病性的选择、降低株高、提高出籽率与产量。

种质名称：江洞黄玉米
采集编号：2017453018

48. 弄坝苏湾

【采集地】广西百色市田林县浪平乡弄坝村。

【类型及分布】属于地方品种，硬粒型，该村及周边有一定种植面积。

【主要特征特性】在南宁种植，生育期 92 天，全株叶 22.0 片，株高 322.4cm，穗位高 170.0cm，果穗长 15.6cm，果穗粗 3.8cm，穗行数 12.0 行，行粒数 24.0 粒，出籽率 68.7%，千粒重 247.5g，果穗锥形，籽粒黄色，硬粒型，轴芯白色。田间记载该品种中抗纹枯病和南方锈病，检测其籽粒蛋白质含量为 13.91%、脂肪含量为 4.35%、淀粉含量为 64.94%。

【利用价值】主要用作饲料。该品种具有植株高大、穗位较高、抗倒性较好、籽粒大、籽粒蛋白质含量较高等特性，可用于品种选育，但应注意改良植株性状。

种质名称：弄坝苏湾
采集编号：2017453020

49. 渭南白马牙

【采集地】广西百色市田林县百乐乡三帮村。

【类型及分布】属于地方品种，硬粒型，该村有零星种植。

【主要特征特性】在南宁种植，生育期92天，全株叶22.2片，株高335.8cm，穗位高183.2cm，果穗长15.4cm，果穗粗4.2cm，穗行数11.6行，行粒数27.2粒，果穗锥形，籽粒黄色，硬粒型，轴芯白色，秃尖长1.1cm。人工接种鉴定该品种高感纹枯病、抗南方锈病，检测其籽粒蛋白质含量为13.37%、脂肪含量为4.57%、淀粉含量为66.88%。

【利用价值】由农户自行留种，主要用作饲料，也用于煮制玉米粥食用，口感较好。该品种早熟性好、品质较好，可用于品种选育，但应改良其对纹枯病的抗性、降低株高和穗位高。

种质名称：渭南白马牙
采集编号：2017453022

50. 六丹黄玉米

【采集地】广西百色市田林县八桂瑶族乡六丹村。

【类型及分布】属于地方品种，硬粒型，该村及周边有零星种植。

【主要特征特性】在南宁种植，生育期 87 天，全株叶 20.0 片，株高 279.2cm，穗位高 143.6cm，果穗长 14.8cm，果穗粗 3.9cm，穗行数 14.8 行，行粒数 31.0 粒，出籽率 78.9%，千粒重 265.3g，果穗柱形，籽粒黄色，硬粒型，轴芯白色。经检测，该品种籽粒蛋白质含量为 13.48%、脂肪含量为 4.91%、淀粉含量为 66.89%。

【利用价值】主要用作饲料，有时也作口粮。该品种早熟性好、品质较好、穗位偏高，可用于品种选育，但应注意改良植株和果穗性状、提高抗病性和抗倒性。

种质名称：六丹黄玉米
采集编号：2017453025

51. 九岜晚苞谷

【采集地】广西柳州市三江侗族自治县高基瑶族乡九岜村。

【类型及分布】属于地方品种，硬粒型，该村及周边有一定种植面积。

【主要特征特性】在南宁种植，生育期87天，全株叶22.0片，株高263.6cm，穗位高138.0cm，果穗长7.9cm，果穗粗3.0cm，穗行数11.2行，行粒数16.0粒，出籽率72.0%，千粒重114.2g，果穗锥形，籽粒黄色，硬粒型，轴芯白色。田间记载该品种高感纹枯病，检测其籽粒蛋白质含量为14.12%、脂肪含量为5.13%、淀粉含量为65.26%。

【利用价值】主要用作饲料，传统节日时也用于制作爆米花。该品种具有籽粒蛋白质和脂肪含量高、品质优、果穗虽短但籽粒排列紧密等特性，可用于品种选育，但应注意改良果穗性状、降低穗位高、提高产量和抗病性。

种质名称：九岜晚苞谷
采集编号：2017453047

52. 立寨坪黄玉米

【采集地】广西桂林市资源县河口瑶族乡立寨坪村。

【类型及分布】属于地方品种，硬粒型，该村及周边有零星种植。

【主要特征特性】在南宁种植，生育期87天，全株叶16.0片，株高214.4cm，穗位高72.6cm，果穗长13.8cm，果穗粗3.6cm，穗行数12.0行，行粒数28.0粒，出籽率86.5%，千粒重283.6g，果穗柱形，籽粒黄色，硬粒型，轴芯白色。田间记载该品种高感纹枯病和南方锈病，检测其籽粒蛋白质含量为12.92%、脂肪含量为4.14%、淀粉含量为70.22%。

【利用价值】主要用作饲料。该品种具有早熟性好、植株矮、穗位低、籽粒淀粉含量较高、外观品质较好、出籽率高等特性，可用于品种选育，但应注意对抗病性的改良、提高产量。

种质名称：立寨坪黄玉米
采集编号：2017453058

53. 立寨坪紫玉米

【采集地】广西桂林市资源县河口瑶族乡立寨坪村。

【类型及分布】属于地方品种，硬粒型，该村及周边有零星种植。

【主要特征特性】在南宁种植，生育期 90 天，全株叶 19.0 片，株高 261.4cm，穗位高 119.0cm，果穗长 14.5cm，果穗粗 3.8cm，穗行数 10.8 行，行粒数 34.4 粒，果穗锥形，籽粒红色和紫色，硬粒型，轴芯白色或红色，秃尖长 0.5cm。人工接种鉴定该品种高感纹枯病、感南方锈病，检测其籽粒蛋白质含量为 11.87%、脂肪含量为 4.68%、淀粉含量为 70.27%。

【利用价值】主要用作饲料，有时也鲜食。该品种较早熟、株高和穗位高较适宜，可用于品种选育，但应注意对抗病性的选择。

54. 脚古冲红玉米

【采集地】广西桂林市资源县车田乡脚古冲村。

【类型及分布】属于地方品种，硬粒型，该村及周边有少量种植。

【主要特征特性】在南宁种植，生育期84天，全株叶21.0片，株高287.0cm，穗位高134.4cm，果穗长17.0cm，果穗粗4.4cm，穗行数12.4行，行粒数28.0粒，出籽率82.0%，千粒重241.3g，果穗柱形，籽粒红色或深红色，硬粒型，轴芯白色。田间记载该品种高感纹枯病、感南方锈病，检测其籽粒蛋白质含量为12.44%、脂肪含量为3.87%、淀粉含量为68.13%。

【利用价值】主要用作饲料。该品种早熟性好、产量较高，可用于品种选育，但应注意对抗病性的选择，同时降低株高和穗位高。

种质名称：脚古冲红玉米
采集编号：2017453060

55. 扶绥唐朝玉米

【采集地】广西崇左市扶绥县山圩镇昆仑村。

【类型及分布】属于地方品种，硬粒型，该村及周边有零星种植。

【主要特征特性】在南宁种植，生育期 82 天，全株叶 20.0 片，株高 262.2cm，穗位高 123.6cm，果穗长 12.8cm，果穗粗 4.5cm，穗行数 13.2 行，行粒数 27.2 粒，果穗柱形，籽粒黄色，硬粒型，轴芯白色。经检测，该品种籽粒蛋白质含量为 12.44%、脂肪含量为 4.67%、淀粉含量为 69.19%。

【利用价值】由农户自行留种，主要用作饲料，也可用于煮制玉米粥食用。该品种具有植株较矮、果穗结实性好、籽粒淀粉含量较高、外观品质较优等特性，可作为改良材料使用。

种质名称：扶绥唐朝玉米
采集编号：2017453070

56. 花龙黑玉米

【采集地】广西贵港市平南县大鹏镇花龙村。

【类型及分布】属于地方品种，硬粒型，该村及周边有零星种植。

【主要特征特性】在南宁种植，生育期84天，全株叶20.0片，株高236.8cm，穗位高100.4cm，果穗长11.5cm，果穗粗4.2cm，穗行数14.2行，行粒数21.0粒，出籽率81.1%，千粒重238.5g，果穗锥形，籽粒黑色，硬粒型，轴芯深红色。经检测，该品种籽粒蛋白质含量为12.41%、脂肪含量为3.48%、淀粉含量为66.49%。

【利用价值】主要用作饲料，有时也鲜食。该品种具有早熟性好、株高和穗位高适宜等特性，但果穗短小、产量低，可用作特色材料选育特色品种，但应注意果穗性状的改良、提高产量。

种质名称：花龙黑玉米
采集编号：2017453071

57. 多柏白玉米

【采集地】广西百色市德保县东凌镇多柏村。

【类型及分布】属于地方品种，硬粒型，该村及周边有零星种植。

【主要特征特性】在南宁种植，生育期90天，全株叶19.8片，株高326.4cm，穗位高163.0cm，果穗长13.7cm，果穗粗3.9cm，穗行数10.0行，行粒数24.2粒，果穗锥形，籽粒白色，硬粒型，轴芯白色。经检测，该品种籽粒蛋白质含量为12.61%、脂肪含量为4.33%、淀粉含量为68.39%。

【利用价值】由农户自行留种，主要用作饲料，有时也作口粮。该品种植株较高、较早熟、适应性广，可作为改良材料使用。

种质名称：多柏白玉米
采集编号：2017453072

58. 立寨坪黑玉米

【采集地】广西桂林市资源县河口瑶族乡立寨坪村。

【类型及分布】属于地方品种，硬粒型，该村有零星种植。

【主要特征特性】在南宁种植，生育期90天，全株叶17.6片，株高264.0cm，穗位高126.8cm，果穗长14.3cm，果穗粗3.8cm，穗行数12.8行，行粒数31.4粒，果穗柱形，籽粒紫黑色、杂有白色，硬粒型，轴芯红色或白色。经检测，该品种籽粒蛋白质含量为11.82%、脂肪含量为4.58%、淀粉含量为70.16%。

【利用价值】主要用作饲料，有时也鲜食。该品种具有株高和穗位高较适宜、早熟性较好、籽粒淀粉含量高、适应性广等特性，可作为紫黑色糯玉米改良材料使用，但应注意对抗病性的选择。

种质名称：立寨坪黑玉米
采集编号：2017453076

59. 甲黄

【采集地】广西河池市凤山县砦牙乡东风村。

【类型及分布】属于地方品种，硬粒型，该村及周边有少量种植。

【主要特征特性】在南宁秋季种植，生育期 99 天，株高 296.7cm，穗位高 149.9cm，果穗长 14.5cm，果穗粗 3.8cm，穗行数 10.4 行，行粒数 27.9 粒，出籽率 80.3%，千粒重 220.0g，果穗柱形，籽粒黄色、杂有少量白色，硬粒型，轴芯白色。经检测，该品种籽粒蛋白质含量为 11.89%、脂肪含量为 5.24%、淀粉含量为 69.40%。

【利用价值】由农户自行留种，主要用作畜禽饲料。该品种具有籽粒脂肪和淀粉含量较高、品质较好等特性，可用于品种选育，但应注意改良植株性状、降低株高和穗位高。

种质名称：甲黄
采集编号：2018453003

60. 脚江金皇后

【采集地】广西河池市东兰县金谷乡隆明村。

【类型及分布】属于地方品种，硬粒型，该村及周边有少量种植。

【主要特征特性】在南宁秋季种植，生育期99天，株高269.6cm，穗位高130.3cm，果穗长15.7cm，果穗粗3.8cm，穗行数12.2行，行粒数29.2粒，出籽率77.8%，千粒重199.0g，果穗锥形，籽粒黄色，硬粒型，轴芯白色。经检测，该品种籽粒蛋白质含量为11.45%、脂肪含量为5.27%、淀粉含量为69.38%。

【利用价值】由农户自行留种，主要用作畜禽饲料。该品种株高和穗位高比较适宜，有一定产量潜力，籽粒脂肪和淀粉含量较高，品质较好，可用于品种选育，但应注意改良抗病性和果穗性状。

种质名称：脚江金皇后

采集编号：2018453014

61. 隆明金皇后

【采集地】广西河池市东兰县金谷乡隆明村。

【类型及分布】属于地方品种，硬粒型，该村有零星种植。

【主要特征特性】在南宁种植，生育期 101 天，全株叶 23.0 片，株高 290.5cm，穗位高 143.2cm，果穗长 12.2cm，果穗粗 4.3cm，穗行数 11.8 行，行粒数 24.7 粒，出籽率 81.0%，千粒重 241.0g，果穗柱形，籽粒黄色，硬粒型，轴芯白色，秃尖长 0.8cm。经检测，该品种籽粒蛋白质含量为 11.42%、脂肪含量为 4.60%、淀粉含量为 69.49%。

【利用价值】主要用作畜禽饲料，有时也用于煮制玉米粥食用。该品种可用于品种选育，但应降低株高和穗位高、改良果穗性状、提高产量。

种质名称：隆明金皇后
采集编号：2018453016

种质名称：隆明金皇后
采集编号：2018453016

62. 下坡荷金皇后

【采集地】广西河池市东兰县金谷乡隆明村。

【类型及分布】属于地方品种，硬粒型，该村有零星种植。

【主要特征特性】在南宁种植，生育期 102 天，全株叶 21.5 片，株高 260.0cm，穗位高 123.5cm，果穗长 13.8cm，果穗粗 3.6cm，穗行数 9.4 行，行粒数 26.8 粒，出籽率82.2%，千粒重 208.5g，果穗柱形，籽粒黄色，硬粒型，轴芯白色，秃尖长 0.6cm。

【利用价值】主要用于喂养家禽，有时也少量用于煮制玉米粥食用。该品种较早熟、品质优，可用于品种选育，但应注意降低株高和穗位高。

种质名称：下坡荷金皇后
采集编号：2018453017

63. 定安白玉米

【采集地】广西河池市东兰县长乐镇定安村。

【类型及分布】属于地方品种，硬粒型，该村及周边有少量种植。

【主要特征特性】在南宁种植，生育期 97 天，全株叶 21.6 片，株高 249.0cm，穗位高 117cm，果穗长 13.1cm，果穗粗 3.5cm，穗行数 11.4 行，行粒数 25.6 粒，出籽率 79.4%，千粒重 168.5g，果穗锥形，籽粒白色，硬粒型，轴芯白色，秃尖长 0.9cm。

【利用价值】主要用于煮制玉米粥食用和饲养家禽。该品种早熟、品质较好、株高和穗位高比较适宜，可用于育种，但应注意改良果穗性状、提高千粒重和产量。

64. 定安本地黄

【采集地】广西河池市东兰县长乐镇定安村。

【类型及分布】属于地方品种、硬粒型、该村及周边有少量种植。

【主要特征特性】在南宁种植，生育期99天，全株叶20.2片，株高237.5cm，穗位高107.4cm，果穗长14.95cm，果穗粗4.1cm，穗行数12.6行，行粒数30.7粒，出籽率81.4%，千粒重221.0g，果穗锥形，籽粒黄色，硬粒型，轴芯白色，秃尖长0.9cm。经检测，该品种籽粒蛋白质含量为11.15%、脂肪含量为4.78%、淀粉含量为69.80%。

【利用价值】主要用于饲养家禽，也用于煮制玉米粥食用。该品种株高和穗位高较适宜，早熟性较好，可用于育种，但应注意改良果穗性状、提高抗病性和产量。

种质名称：定安本地黄
采集编号：2018453021

种质名称：定安本地黄
采集编号：2018453021

65. 干来综合种

【采集地】广西河池市东兰县花香乡干来村。

【类型及分布】属于地方品种，硬粒型，该村及周边有少量种植，是当地农民自己组配选育的类似开放式授粉品种。

【主要特征特性】在南宁种植，生育期 105 天，全株叶 21.0 片，株高 246.5cm，穗位高 110.5cm，果穗长 14.6cm，果穗粗 4.9cm，穗行数 15.2 行，行粒数 33.3 粒，出籽率 79.8%，千粒重 215.0g，果穗柱形，籽粒黄色、杂有少量白色，硬粒型，轴芯白色，秃尖长 0.4cm。经检测，该品种籽粒蛋白质含量为 10.44%、脂肪含量为 4.99%、淀粉含量为 70.80%。

【利用价值】主要用于饲养家禽。该品种较早熟、籽粒脂肪含量和淀粉含量较高、品质较好、株高和穗位高较适宜，聚合了较多优良性状，属于综合选育材料，优良特性较多，可用于品种选育。

种质名称：干来综合种
采集编号：2018453024

66. 九节黄

【采集地】广西崇左市天等县驮堪乡南岭村。

【类型及分布】属于地方品种，硬粒型，该村及周边有少量种植，种植年代久远。

【主要特征特性】在南宁种植，生育期 92 天，全株叶 21.0 片，株型披散，株高 237.2cm，穗位高 117.6cm，果穗长 17.4cm，果穗粗 4.3cm，穗行数 12.6 行，行粒数 36.0 粒，出籽率 84.7%，千粒重 256.3g，果穗柱形，籽粒鲜黄色，硬粒型，轴芯白色，秃尖少。田间记载该品种感纹枯病、中抗南方锈病，检测其籽粒蛋白质含量为 12.48%、脂肪含量为 4.11%、淀粉含量为 68.64%。

【利用价值】主要用作饲料，当地也用作主粮，用于煮制玉米糊食用，口感好。该品种籽粒外观品质较好，食用口感好，出籽率较高，比较耐旱、耐贫瘠，产量比较高（产量一般可达 6000kg/hm^2），进行提纯复壮后，可直接应用于生产；用于品种选育时应降低穗位高，并注意对抗病性的改良。

种质名称：九节黄
采集编号：2018453028

67. 进宁本地黄

【采集地】广西崇左市天等县龙茗镇进宁村。

【类型及分布】属于地方品种，硬粒型，该村及周边有零星种植。

【主要特征特性】在南宁种植，生育期 107 天，全株叶 19.9 片，株高 231.0cm，穗位高 85.2cm，果穗长 14.4cm，果穗粗 4.3cm，穗行数 11.6 行，行粒数 29.1 粒，出籽率 84.9%，千粒重 266.5g，果穗柱形，籽粒黄色，硬粒型，轴芯白色，秃尖长 0.5cm。经检测，该品种籽粒蛋白质含量为 10.63%、脂肪含量为 4.77%、淀粉含量为 71.33%。

【利用价值】主要用作饲料喂养牲畜，少量用作口粮。该品种较早熟，籽粒淀粉含量高，品质好，株高和穗位高适宜，可用于品种选育。

种质名称：进宁本地黄
采集编号：2018453031

68. 巴纳本地黄

【采集地】广西河池市巴马瑶族自治县西山乡巴纳村。

【类型及分布】属于地方品种，硬粒型，该村及周边有少量种植。

【主要特征特性】在南宁种植，生育期 102 天，全株叶 19.7 片，株高 222.5cm，穗位高 100.8cm，果穗长 12.45cm，果穗粗 3.45cm，穗行数 10.4 行，行粒数 23.8 粒，出籽率 84.4%，千粒重 240.5g，果穗柱形，籽粒黄色，硬粒型，轴芯白色，秃尖长 0.9cm。经检测，该品种籽粒蛋白质含量为 11.03%、脂肪含量为 5.08%、淀粉含量为 70.94%。

【利用价值】主要用作饲料，有时也用于煮制玉米糊食用，口感好。该品种具有较早熟、株高和穗位高较适宜、籽粒脂肪和淀粉含量高、品质好、出籽率和千粒重较高等特性，可用于优质玉米品种的选育和改良，但应注意对抗倒性的选择。

种质名称：巴纳本地黄
采集编号：2018453033

第二节　马齿型普通玉米农家品种

1. 南新白玉米

【采集地】广西南宁市马山县百龙滩镇南新村。

【类型及分布】属于地方品种，马齿型，该村及周边有零星种植。

【主要特征特性】在南宁种植，生育期97天，全株叶22.8片，株高323.0cm，穗位高173.8cm，果穗长13.9cm，果穗粗4.6cm，穗行数15.8行，行粒数35.2粒，果穗柱形，籽粒白色，马齿型，轴芯白色。经检测，该品种籽粒蛋白质含量为12.56%、脂肪含量为4.31%、淀粉含量为66.80%。

【利用价值】主要用作饲料，有时也用于煮制玉米粥食用。该品种品质优，口感好，植株高大，抗倒性差，可作为改良材料使用。

种质名称：南新白玉米
采集编号：P450124004

2. 龙祥墨白

【采集地】广西南宁市上林县塘红乡龙祥村。

【类型及分布】属于地方品种，马齿型，该村及周边有少量种植。

【主要特征特性】在南宁种植，生育期108天，全株叶21.0片，株高276.2cm，穗位高138.0cm，果穗长14.4cm，果穗粗4.8cm，穗行数13.4行，行粒数29.1粒，出籽率77.4%，千粒重323.4g，果穗柱形，籽粒白色、杂有少量黄色、马齿型、轴芯白色。人工接种鉴定该品种感纹枯病、抗南方锈病，检测其籽粒蛋白质含量为12.17%、脂肪含量为4.21%、淀粉含量为67.99%。

【利用价值】主要用作饲料，用于煮制玉米粥食用时不易返水，口感较好。该品种具有植株高大、果穗较粗、轴芯较小、产量较高等特性，生产上还在应用，但种植面积不大；可用于品种选育，但应注意对纹枯病抗性的选择、改良植株性状。

3. 龙贵白马牙

【**采集地**】广西南宁市上林县镇圩瑶族乡龙贵村。

【**类型及分布**】属于地方品种，马齿型，该村及周边有少量种植。

【**主要特征特性**】在南宁种植，生育期 110 天，全株叶 22.0 片，株高 297.6cm，穗位高 144.6cm，果穗长 14.6cm，果穗粗 4.5cm，穗行数 15.2 行，行粒数 29.4 粒，出籽率 83.1%，千粒重 218.9g，果穗柱形，籽粒白色，马齿型，轴芯白色。人工接种鉴定该品种抗纹枯病和南方锈病。

【**利用价值**】主要用作饲料，食用时口感较好。该品种植株高大、抗病性较强，可用于品种选育，但应注意降低株高和穗位高。

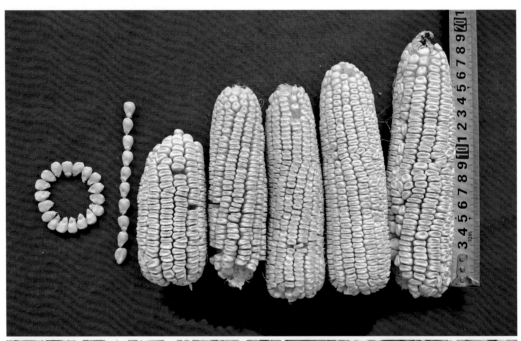

4. 安宁白马牙

【采集地】广西百色市田阳区巴别乡安宁村。

【类型及分布】属于地方品种，马齿型，该村及周边有少量种植。

【主要特征特性】在南宁种植，生育期 113 天，全株叶 21.3 片，株高 327.5cm，穗位高 161.7cm，果穗长 15.8cm，果穗粗 4.8cm，穗行数 12.4 行，行粒数 31.0 粒，果穗柱形，籽粒白色，马齿型，轴芯白色，秃尖长 1.2cm。人工接种鉴定该品种抗纹枯病，检测其籽粒蛋白质含量为 12.62%、脂肪含量为 4.33%、淀粉含量为 68.00%。

【利用价值】由农户自行留种，主要用作饲料，也用于煮制玉米粥食用。该品种抗纹枯病，可用于品种选育，但应降低株高和穗位高。

种质名称：安宁白马牙
采集编号：P451021007

5. 大列本地黄

【采集地】广西百色市田阳区五村镇大列村。

【类型及分布】属于地方品种，马齿型，该村及周边有少量种植。

【主要特征特性】在南宁种植，生育期 113 天，全株叶 21.7 片，株高 308.0cm，穗位高 160.8cm，果穗长 16.7cm，果穗粗 4.6cm，穗行数 12.6 行，行粒数 34.0 粒，果穗柱形，籽粒黄色，马齿型，轴芯白色，秃尖长 1.4cm。人工接种鉴定该品种中抗纹枯病和南方锈病，检测其籽粒蛋白质含量为 12.03%、脂肪含量为 4.59%、淀粉含量为 69.17%。

【利用价值】由农户自行留种，主要用于饲养牲畜，有时也用作口粮。该品种果穗较长，可用于品种选育，但应降低株高和穗位高。

种质名称：大列本地黄
采集编号：P451021019

6. 大列本地白

【采集地】广西百色市田阳区五村镇大列村。

【类型及分布】属于地方品种，马齿型，该村及周边有少量种植。

【主要特征特性】在南宁种植，生育期 113 天，全株叶 21.7 片，株高 305.0cm，穗位高 173.5cm，果穗长 15.8cm，果穗粗 4.4cm，穗行数 12.0 行，行粒数 30.6 粒，果穗柱形，籽粒白色，马齿型，轴芯白色，秃尖长 1.1cm。人工接种鉴定该品种抗纹枯病、感南方锈病，检测其籽粒蛋白质含量为 13.17%、脂肪含量为 4.08%、淀粉含量为 68.71%。

【利用价值】由农户自行留种，主要用作饲料，也用于煮制玉米粥食用。该品种品质较好，可用于品种选育，但应降低株高和穗位高。

种质名称：大列本地白
采集编号：P451021020

7. 梅林白玉米

【采集地】广西百色市田东县作登瑶族乡梅林村。

【类型及分布】属于地方品种，马齿型，该村及周边有少量种植。

【主要特征特性】在南宁种植，生育期 113 天，全株叶 22.0 片，株高 310.6cm，穗位高 168.8cm，果穗长 16.3cm，果穗粗 4.4cm，穗行数 11.2 行，行粒数 36.8 粒，果穗柱形，籽粒白色，马齿型，轴芯白色，秃尖长 0.6cm。人工接种鉴定该品种抗纹枯病，检测其籽粒蛋白质含量为 13.00%、脂肪含量为 4.49%、淀粉含量为 67.18%。

【利用价值】由农民自行留种，主要用于饲喂牲畜，也用于煮制玉米粥食用，口感较好。该品种果穗较长、品质较好，可用于品种选育，但应降低株高和穗位高。

8. 登星白玉米

【采集地】广西百色市德保县巴头乡登星村。

【类型及分布】属于地方品种，马齿型，该村及周边有零星种植。

【主要特征特性】在南宁种植，生育期97天，全株叶21.0片，株型披散，株高272.2cm，穗位高149.2cm，果穗长16.9cm，果穗粗4.7cm，穗行数14.0行，行粒数33.0粒，出籽率83.3%，千粒重309.1g，果穗锥形，籽粒白色和黄色，马齿型，轴芯白色或红色。经检测，其籽粒蛋白质含量为12.30%、脂肪含量为3.94%、淀粉含量为70.31%。

【利用价值】主要用作饲料，少量食用。该品种生育期适宜、果穗较长，可用于品种改良，但应注意对抗病性的选择、降低株高、提高出籽率与产量。

种质名称：登星白玉米
采集编号：P451024009

9. 达腊白马牙

【采集地】广西百色市靖西市南坡乡达腊村。

【类型及分布】属于地方品种，马齿型，该村及周边有少量种植。

【主要特征特性】在南宁种植，生育期 105 天，全株叶 21.0 片，株高 311.0cm，穗位高 154.2cm，果穗长 16.4cm，果穗粗 4.5cm，穗行数 13.2 行，行粒数 33.0 粒，出籽率 81.6%，千粒重 327.0g，果穗柱形，籽粒白色，马齿型，轴芯白色。人工接种鉴定该品种中抗纹枯病、抗南方锈病，检测其籽粒蛋白质含量为 12.29%、脂肪含量为 4.93%、淀粉含量为 68.65%。

【利用价值】由农户自行留种、自产自销，主要用作饲料，少量用作口粮。该品种抗病性较强、适应性较广，但植株较高、抗倒性差，用于品种选育时应注意改良植株性状。

10. 龙南苏湾

【**采集地**】广西百色市乐业县逻沙乡龙南村。

【**类型及分布**】属于地方品种，马齿型，该村有零星种植。

【**主要特征特性**】在南宁种植，生育期108天，全株叶21.8片，株高294.7cm，穗位高151.6cm，果穗长16.8cm，果穗粗5.0cm，穗行数13.6行，行粒数32.8粒，果穗柱形，籽粒黄白色，马齿型，轴芯白色。人工接种鉴定该品种抗纹枯病、中抗南方锈病，检测其籽粒蛋白质含量为12.25%、脂肪含量为4.33%、淀粉含量为67.12%。

【**利用价值**】由农户自行留种、自产自销，作为粮食用于煮制玉米粥食用时品质较好，也用作饲料。该品种植株较高，易倒伏，品质好，适应性广，抗纹枯病，中抗南方锈病，可作为普通玉米改良材料使用。

种质名称：龙南苏湾
采集编号：P451028005

11. 常仁白马牙

【采集地】广西百色市乐业县同乐镇常仁村。

【类型及分布】属于地方品种，马齿型，该村有零星种植。

【主要特征特性】在南宁种植，生育期107天，全株叶21.2片，株高288.5cm，穗位高148.0cm，果穗长16.2cm，果穗粗4.9cm，穗行数12.8行，行粒数34.8粒，果穗柱形，籽粒白色，马齿型，轴芯白色。人工接种鉴定该品种抗纹枯病和南方锈病，检测其籽粒蛋白质含量为12.71%、脂肪含量为4.23%、淀粉含量为67.70%。

【利用价值】由农户自行留种、自产自销，主要作为粮食用于煮制玉米粥，也用作饲料。该品种株高和穗位高适宜，品质好，适应性广，抗纹枯病和南方锈病，可作为普通玉米改良材料使用。

种质名称：常仁白马牙
采集编号：P451028019

12. 坝平本地白

【采集地】广西百色市隆林各族自治县沙梨乡坝平村。

【类型及分布】属于地方品种，马齿型，该村及周边有零星种植。

【主要特征特性】在南宁种植，生育期 113 天，全株叶 22.2 片，株高 250.0cm，穗位高 133.4cm，果穗长 15.4cm，果穗粗 4.4cm，穗行数 14.4 行，行粒数 29.0 粒，果穗柱形，籽粒白色，马齿型，轴芯白色，秃尖长 2.4cm。人工接种鉴定该品种感纹枯病和南方锈病，检测其籽粒蛋白质含量为 12.31%、脂肪含量为 4.39%、淀粉含量为 69.25%。

【利用价值】由农户自行留种、自产自销，主要用作饲料，也用于煮制玉米粥食用。该品种具有抗旱、耐寒、耐贫瘠、籽粒淀粉含量较高等特性，用于育种时应改良抗病性、降低穗位高。

13. 拉汪白马牙

【采集地】广西河池市天峨县三堡乡三堡村。

【类型及分布】属于地方品种，马齿型，该村及周边有零星种植。

【主要特征特性】在南宁种植，生育期110天，全株叶20.0片，株高306.0cm，穗位高148.8cm，果穗长15.6cm，果穗粗4.8cm，穗行数15.6行，行粒数32.3粒，出籽率79.6%，千粒重240.5g，果穗柱形，籽粒白色或红色（少量），马齿型，轴芯白色。人工接种鉴定该品种抗纹枯病、感南方锈病，检测其籽粒蛋白质含量为12.42%、脂肪含量为4.37%、淀粉含量为66.88%。

【利用价值】主要用作饲料，用作口粮食用时口感较好。该品种植株高大、生物产量较高，可用于品种选育。

14. 堡上白马牙

【采集地】广西河池市天峨县三堡乡三堡村。

【类型及分布】属于地方品种，马齿型，该村及周边有零星种植。

【主要特征特性】在南宁种植，生育期110天，全株叶20.0片，株型披散，株高292.0cm，穗位高160.7cm，果穗长18.4cm，果穗粗4.4cm，穗行数16.6行，行粒数33.0粒，出籽率77.4%，千粒重248.0g，果穗柱形，籽粒白色、少量红色，马齿型，轴芯白色。经检测，其籽粒蛋白质含量为12.37%、脂肪含量为4.49%、淀粉含量为66.84%。

【利用价值】主要用作饲料，少量食用。该品种生育期较长、果穗较长、籽粒深，可用于品种改良，但应注意对抗病性的选择、降低株高。

15. 板豪白马牙

【采集地】广西来宾市忻城县古蓬镇板豪村。

【类型及分布】属于地方品种，马齿型，该村有少量种植。

【主要特征特性】在南宁种植，生育期 108 天，全株叶 22.0 片，株高 307.0cm，穗位高 159.6cm，果穗长 18.0cm，果穗粗 4.6cm，穗行数 12.0 行，行粒数 38.0 粒，出籽率 79.3%，千粒重 333.0g，果穗柱形，籽粒白色，马齿型，轴芯白色。人工接种鉴定该品种抗纹枯病、中抗南方锈病，检测其籽粒蛋白质含量为 11.29%、脂肪含量为 4.47%、淀粉含量为 70.10%。

【利用价值】主要用作饲料，有时也用于煮制玉米粥食用。该品种生育期较适宜，抗病性较强，适应性较强，品质较好，但植株、穗位偏高，用于品种选育时应注意改良植株性状、增加果穗行数。

种质名称：板豪白马牙
采集编号：P452231021

种质名称：板豪白马牙
采集编号：P452231021

16. 矮山白马牙

【采集地】广西河池市宜州区庆远镇矮山村。

【类型及分布】属于地方品种，马齿型，该村有零星种植。

【主要特征特性】在南宁种植，生育期 105 天，全株叶 20.0 片，株高 279.0cm，穗位高 124.0cm，果穗长 16.8cm，果穗粗 4.6cm，穗行数 13.2 行，行粒数 37.0 粒，出籽率 84.6%，千粒重 317.0g，果穗柱形，籽粒白色，马齿型，轴芯白色。田间记载该品种感纹枯病和南方锈病，检测其籽粒蛋白质含量为 12.50%、脂肪含量为 4.16%、淀粉含量为 70.15%。

【利用价值】由农户自行留种、自产自销，主要用作饲料，有时也用于煮制玉米粥食用。该品种生育期较适宜、出籽率较高、品质较好，但穗位偏高，用于品种选育时应注意改良植株性状、提高抗病性。

种质名称：矮山白马牙
采集编号：P452702007

种质名称：矮山白马牙
采集编号：P452702007

17. 甲坪白玉米

【采集地】广西河池市南丹县八圩瑶族乡甲坪村。

【类型及分布】属于地方品种，马齿型，该村及周边有一定种植面积。

【主要特征特性】在南宁种植，生育期 113 天，全株叶 21.0 片，株高 322.8cm，穗位高 157.6cm，果穗长 17.3cm，果穗粗 4.4cm，穗行数 11.6 行，行粒数 35.0 粒，果穗柱形，籽粒白色，马齿型，轴芯白色，秃尖长 1.4cm。人工接种鉴定该品种感纹枯病、中抗南方锈病，检测其籽粒蛋白质含量为 11.68%、脂肪含量为 4.66%、淀粉含量为 68.93%。

【利用价值】由农户自行留种，主要用作饲料或食用。该品种果穗较长，可用于品种选育，但应改良其对纹枯病的抗性、降低株高和穗位高。

18. 巴王白马牙

【采集地】广西河池市东兰县三石镇巴王村。

【类型及分布】属于地方品种，马齿型，该村及周边有少量种植。

【主要特征特性】在南宁种植，生育期 107 天，全株叶 21.8 片，株高 293.2cm，穗位高 171.6cm，果穗长 17.0cm，果穗粗 4.5cm，穗行数 11.4 行，行粒数 33.4 粒，果穗柱形，籽粒白色，马齿型，轴芯白色，秃尖长 0.1cm。人工接种鉴定该品种中抗纹枯病和南方锈病，检测其籽粒蛋白质含量为 11.41%、脂肪含量为 4.91%、淀粉含量为 70.77%。

【利用价值】由农户自行留种、自产自销，主要用作饲料，也用于煮制玉米粥食用。该品种具有抗病性较强、籽粒脂肪和淀粉含量高、果穗较长、双穗率较高、较早熟等特性，可用于品种选育，但应降低株高和穗位高。

19. 龙英白马牙

【采集地】广西河池市都安瑶族自治县三只羊乡龙英村。

【类型及分布】属于地方品种，马齿型，该村有零星种植。

【主要特征特性】在南宁种植，生育期 109 天，全株叶 22.0 片，株高 290.2cm，穗位高 141.2cm，果穗长 14.6cm，果穗粗 4.5cm，穗行数 12.4 行，行粒数 30.0 粒，出籽率 82.1%，千粒重 349.8g，果穗柱形，籽粒白色，马齿型，轴芯白色。人工接种鉴定该品种中抗纹枯病和南方锈病，检测其籽粒蛋白质含量为 13.08%、脂肪含量为 4.48%、淀粉含量为 67.85%。

【利用价值】主要用作饲料，也可用于煮制玉米粥食用。该品种属于大粒型品种，籽粒蛋白质含量较高，抗病性较强，植株和穗位都过高而易倒伏，用于品种选育时应注意降低株高和穗位高。

20. 西隆白玉米

【采集地】广西河池市都安瑶族自治县三只羊乡西隆村。

【类型及分布】属于地方品种，马齿型，该村及周边有零星种植。

【主要特征特性】在南宁种植，生育期110天，全株叶22.0片，株型披散，株高320.2cm，穗位高161.4cm，果穗长16.2cm，果穗粗4.4cm，穗行数13.4行，行粒数33.1粒，出籽率78.8%，千粒重303.9g，果穗柱形，籽粒白色、杂有少量黄色和红色，马齿型，轴芯白色。人工接种鉴定该品种中抗纹枯病和南方锈病，检测其籽粒蛋白质含量为12.10%、脂肪含量为4.36%、淀粉含量为67.96%。

【利用价值】用于煮制玉米粥食用时口感较好，也用作饲料。该品种抗病性较强、植株高大、生物产量较高，但穗位太高而易倒伏，比较耐贫瘠，用于品种选育时应注意降低株高和穗位高。

21. 果桃墨白

【采集地】广西百色市那坡县龙合乡果桃村。

【类型及分布】属于地方品种，马齿型，该村及周边有零星种植。

【主要特征特性】在南宁种植，生育期 113 天，全株叶 23.4 片，株高 317.0cm，穗位高 163.4cm，果穗长 15.3cm，果穗粗 4.4cm，穗行数 13.4 行，行粒数 33.8 粒，果穗柱形，籽粒白色，马齿型，轴芯白色，秃尖长 0.7cm。人工接种鉴定该品种抗纹枯病和南方锈病，检测其籽粒蛋白质含量为 11.33%、脂肪含量为 5.01%、淀粉含量为 69.28%。

【利用价值】主要用作饲料，有时也用于煮制玉米粥食用，口感较好。该品种抗病性较强、籽粒脂肪和淀粉含量较高，可用于品种选育，但应降低株高和穗位高。

22. 大荷白马牙

【采集地】广西百色市靖西市新甲乡大荷村。

【类型及分布】属于地方品种，马齿型，该村及周边有一定种植面积。

【主要特征特性】在南宁种植，生育期108天，全株叶19.8片，株高313cm，穗位高165.2cm，果穗长15.1cm，果穗粗4.4cm，穗行数14.6行，行粒数41.2粒，出籽率84.2%，千粒重197g，果穗柱形，籽粒白色，马齿型，轴芯白色。田间记载该品种高感纹枯病，检测其籽粒蛋白质含量为12.18%、脂肪含量为4.52%、淀粉含量为67.23%。

【利用价值】主要用作饲料，有时也用作口粮。该品种抗病性较弱，植株高大，果穗结实性好，行粒数多，出籽率较高，产量较高，目前生产上还有一定种植面积，可用于选育新品种，但应注意控制穗位高、对纹枯病抗性的选择。

23. 渠洋墨白

【采集地】广西百色市靖西市渠洋镇渠洋社区。

【类型及分布】属于地方品种，马齿型，该社区及周边有少量种植。

【主要特征特性】在南宁种植，生育期 108 天，全株叶 20.2 片，株高 285cm，穗位高 144.4cm，果穗长 15.4cm，果穗粗 4.6cm，穗行数 12.8 行，行粒数 35.2 粒，出籽率 85.4%，千粒重 307g，果穗柱形，籽粒白色和黄色，马齿型，轴芯白色或红色。田间记载该品种高感纹枯病，检测其籽粒蛋白质含量为 12.10%、脂肪含量为 4.69%、淀粉含量为 68.37%。

【利用价值】主要用作饲料，也用作口粮。该品种具有品质较好、千粒重和出籽率高、果穗结实性好等特性，可用于选育高产玉米新品种，但应注意改良抗病性、控制穗位高。

种质名称：渠洋墨白
采集编号：2015453406

24. 大甲土墨白

【采集地】广西百色市靖西市新甲乡大甲村。

【类型及分布】属于地方品种，马齿型，该村及周边有少量种植。

【主要特征特性】在南宁种植，生育期107天，全株叶20.8片，株高270.2cm，穗位高131.2cm，果穗长15.0cm，果穗粗4.6cm，穗行数14.4行，行粒数32.6粒，出籽率83.6%，千粒重282g，果穗柱形，籽粒白色，马齿型，轴芯白色或红色。田间记载该品种高感纹枯病，检测其籽粒蛋白质含量为12.95%、脂肪含量为5.89%、淀粉含量为66.18%。

【利用价值】主要作饲料使用，也可用作口粮。该品种具有结实饱满、籽粒较大、品质优、籽粒脂肪含量较高等特性，可用于新品种选育，但应注意对穗位高和抗病性的选择。

种质名称：大甲土墨白
采集编号：2015453407

25. 大甲白马牙

【采集地】广西百色市靖西市新甲乡大甲村。

【类型及分布】属于地方品种，马齿型，该村及周边有少量种植。

【主要特征特性】在南宁种植，生育期107天，全株叶20.2片，株高287.8cm，穗位高147.6cm，果穗长14.4cm，果穗粗4.4cm，穗行数11.8行，行粒数32.6粒，出籽率82.4%，千粒重285g，果穗锥形，籽粒白色，马齿型，轴芯白色。田间记载该品种高感纹枯病，检测其籽粒蛋白质含量为11.84%、脂肪含量为4.90%、淀粉含量为68.64%。

【利用价值】主要作饲料使用，也可用作口粮。该品种种性保持较好，生产上还保持有一定种植面积，具有抗病、抗旱、耐寒、广适、耐贫瘠等特点，果穗结实紧密，籽粒纯白，外观品质优，是选育优质高产品种的优异种质资源，但应注意对穗位高的选择。

种质名称：大甲白马牙
采集编号：2015453408

26. 大岩垌白玉米

【采集地】广西柳州市柳城县古砦仫佬族乡大岩垌村。

【类型及分布】属于地方品种，马齿型，该村有零星种植。

【主要特征特性】在南宁种植，生育期 106 天，全株叶 20.9 片，株高 284.0cm，穗位高 139.8cm，果穗长 15.3cm，果穗粗 5.0cm，穗行数 12.0 行，行粒数 34.6 粒，果穗柱形，籽粒白色、杂有紫色，马齿型，轴芯白色。人工接种鉴定该品种抗纹枯病、中抗南方锈病，检测其籽粒蛋白质含量为 12.34%、脂肪含量为 4.06%、淀粉含量为 69.72%。

【利用价值】由农户自行留种、自产自销，主要用作饲料，也用于煮制玉米粥食用。该品种抗病性较强、抗倒性较好、适应性较广、籽粒淀粉含量较高，可用于品种选育和改良。

种质名称：大岩垌白玉米
采集编号：2016451168

27. 金江花玉米

【采集地】广西桂林市资源县瓜里乡金江村。

【类型及分布】属于地方品种，马齿型，该村有零星种植。

【主要特征特性】在南宁种植，生育期 110 天，全株叶 21.3 片，株高 309.0cm，穗位高 139.0cm，果穗长 15.1cm，果穗粗 4.4cm，穗行数 13.6 行，行粒数 34.0 粒，出籽率 85.0%，千粒重 304.0g，果穗柱形，籽粒黄白色、杂有少量紫色，马齿型，轴芯白色。田间记载该品种感纹枯病，检测其籽粒蛋白质含量为 13.11%、脂肪含量为 4.14%、淀粉含量为 69.82%。

【利用价值】由农户自行留种、自产自销，主要用于饲喂牲畜。该品种具有果穗满顶、结实性好、千粒重和出籽率较高、品质较好、食用口感较好等特性，可用于选育高产优质玉米新品种，但应注意控制株高和穗位高。

种质名称：金江花玉米
采集编号：2016452019

28. 水头墨白

【**采集地**】广西桂林市资源县瓜里乡水头村。

【**类型及分布**】属于地方品种，马齿型，该村有少量种植。

【**主要特征特性**】在南宁种植，生育期105天，全株叶19.7片，株高245.6cm，穗位高122.0cm，果穗长15.5cm，果穗粗4.2cm，穗行数13.2行，行粒数35.0粒，出籽率79.4%，千粒重290.4g，果穗柱形，籽粒白色，马齿型，轴芯白色。田间记载该品种中抗纹枯病、感南方锈病，检测其籽粒蛋白质含量为12.46%、脂肪含量为4.43%、淀粉含量为64.37%。

【**利用价值**】由农户自行留种、自产自销，主要用于饲喂牲畜。该品种种性保持较好，粒色均匀一致，籽粒较大，品质好，是选育高产优质品种的优异种质资源，但应注意控制穗位高、对南方锈病抗性的选择。

种质名称：水头墨白
采集编号：2016452027

29. 水头花玉米

【采集地】广西桂林市资源县瓜里乡水头村。

【类型及分布】属于地方品种，马齿型，该村及周边有零星种植。

【主要特征特性】在南宁种植，生育期92天，全株叶19.5片，株型披散，株高246.8cm，穗位高108.9cm，果穗长18.0cm，果穗粗4.2cm，穗行数14.4行，行粒数30.0粒，出籽率83.0%，千粒重278.1g，果穗柱形，籽粒花色，马齿型，轴芯白色。田间记载该品种感纹枯病、抗南方锈病，检测其籽粒蛋白质含量为13.05%、脂肪含量为4.30%、淀粉含量为67.53%。

【利用价值】主要用作饲料或食用。该品种籽粒颜色丰富，抗南方锈病，可用于品种选育。

30. 石溪头花苞谷

【**采集地**】广西桂林市资源县资源镇石溪头村。

【**类型及分布**】属于地方品种，马齿型，该村有零星种植。

【**主要特征特性**】在南宁种植，生育期 94 天，全株叶 17.7 片，株高 201.4cm，穗位高 75.0cm，果穗长 14.9cm，果穗粗 4.5cm，穗行数 15.0 行，行粒数 31.4 粒，出籽率 83.2%，千粒重 255.6g，果穗柱形，籽粒黄色、杂有紫色、马齿型、轴芯白色。田间记载该品种高感纹枯病、中抗南方锈病，检测其籽粒蛋白质含量为 13.38%、脂肪含量为 3.83%、淀粉含量为 69.12%。

【**利用价值**】主要用作饲料，有时也用作口粮。该品种具有早熟、植株矮、穗位低、果穗满顶、结实性好、品质优等特性，是选育早熟优质玉米新品种的优异种质资源。

种质名称：石溪头花苞谷
采集编号：2016452106

31. 黄江老玉米

【采集地】广西桂林市龙胜各族自治县龙脊镇黄江村。

【类型及分布】属于地方品种，马齿型，该村有零星种植。

【主要特征特性】在南宁种植，生育期94天，全株叶21.1片，株高267.1cm，穗位高131.2cm，果穗长16.2cm，果穗粗5.1cm，穗行数14.8行，行粒数32.0粒，出籽率75.2%，千粒重290.5g，果穗柱形，籽粒淡黄色，马齿型，轴芯白色。田间记载该品种中抗纹枯病，检测其籽粒蛋白质含量为13.44%、脂肪含量为4.58%、淀粉含量为65.51%。

【利用价值】主要用作饲料或口粮。该品种具有早熟、品质优、果穗满顶且较粗、结实性好、中抗纹枯病等特性，可用于选育早熟优质高产玉米新品种，但应注意适当降低穗位高。

种质名称：黄江老玉米
采集编号：2016452464

32. 白石本地白

【采集地】广西桂林市龙胜各族自治县龙脊镇白石村。

【类型及分布】属于地方品种，马齿型，该村及周边有零星种植。

【主要特征特性】在南宁种植，生育期113天，全株叶18.5片，株高249.7cm，穗位高106.2cm，果穗长16.0cm，果穗粗4.6cm，穗行数13.8行，行粒数35.0粒，出籽率84.5%，千粒重300.1g，果穗柱形，籽粒白色，马齿型，轴芯白色或红色。田间记载该品种感纹枯病。

【利用价值】主要用作饲料，有时也用作口粮，口感较好。该品种结实性好，株高和穗位高适宜，用于选育新品种时应注意对抗病性的选择。

种质名称：白石本地白
采集编号：2016452470

33. 庆云白玉米

【采集地】广西桂林市荔浦市龙怀乡庆云村。

【类型及分布】属于地方品种，马齿型，该村及周边有零星种植。

【主要特征特性】在南宁种植，生育期 98 天，全株叶 22.1 片，株高 272.7cm，穗位高 122.8cm，果穗长 18.0cm，果穗粗 4.6cm，穗行数 11.6 行，行粒数 37.0 粒，出籽率 67.2%，千粒重 354.8g，果穗柱形，籽粒白色，马齿型，轴芯白色。人工接种鉴定该品种中抗纹枯病和南方锈病，检测其籽粒蛋白质含量为 14.23%、脂肪含量为 3.82%、淀粉含量为 66.47%。

【利用价值】主要饲用或食用。该品种具有抗病性较强、千粒重高、籽粒蛋白质含量高、品质优、早熟、果穗长等特性，可用于选育早熟优质玉米新品种，但应注意提高出籽率、降低株高。

种质名称：庆云白玉米
采集编号：2016452910

34. 江栋本地玉米

【采集地】广西河池市大化瑶族自治县北景乡江栋村。

【类型及分布】属于地方品种，马齿型，该村及周边有一定种植面积。

【主要特征特性】在南宁种植，生育期 94 天，全株叶 20.0 片，株高 256.6cm，穗位高 119.8cm，果穗长 16.5cm，果穗粗 4.8cm，穗行数 15.4 行，行粒数 34.0 粒，出籽率 77.4%，千粒重 249.6g，果穗柱形，籽粒白色和黄色，马齿型，轴芯白色。人工接种鉴定该品种抗纹枯病、中抗南方锈病，检测其籽粒蛋白质含量为 11.52%、脂肪含量为 4.14%、淀粉含量为 70.28%。

【利用价值】主要用作饲料，也用作口粮。该品种具有抗病性较强、果穗粗长、穗行数多、结实性好、籽粒淀粉含量高等特性，可用于品种选育。

种质名称：江栋本地玉米
采集编号：2016453162

35. 九江白马牙

【采集地】广西百色市凌云县玉洪乡九江村。

【类型及分布】属于地方品种，马齿型，该村及周边有零星种植。

【主要特征特性】在南宁种植，生育期 112 天，全株叶 23.0 片，株型披散，株高 282.5cm，穗位高 154.0cm，果穗长 18.0cm，果穗粗 5.0cm，穗行数 14.0 行，行粒数 38.0 粒，出籽率 72.9%，千粒重 298.4g，果穗锥形，籽粒白色，马齿型，轴芯白色。人工接种鉴定该品种抗纹枯病、中抗南方锈病，检测其籽粒蛋白质含量为 12.90%、脂肪含量为 3.96%、淀粉含量为 67.65%。

【利用价值】由农户自产自销、自行留种，主要用作饲料，也可用于煮制玉米粥食用。该品种果穗粗长、结实性好、综合性状好，可用于品种选育，但应注意对植株性状的改良、降低穗位高。

种质名称：九江白马牙
采集编号：2016453255

36. 磨村白马牙

【采集地】广西百色市凌云县逻楼镇磨村村。

【类型及分布】属于地方品种，马齿型，该村及周边有一定种植面积。

【主要特征特性】在南宁种植，生育期 108 天，全株叶 23.0 片，株型披散，株高 262.9cm，穗位高 136.6cm，果穗长 14.8cm，果穗粗 4.8cm，穗行数 13.6 行，行粒数 32.0 粒，出籽率 75.6%，千粒重 307.6g，果穗柱形，籽粒白色，马齿型，轴芯白色。田间记载该品种抗纹枯病、感南方锈病，检测其蛋白质含量为 11.95%、脂肪含量为 4.00%、淀粉含量为 69.04%。

【利用价值】主要食用或作饲料饲养家畜。该品种具有抗纹枯病、果穗籽行排列紧密、籽粒较大、结实性好等特性，可用于品种选育，但应改良植株性状。

种质名称：磨村白马牙
采集编号：2016453273

37. 莲灯本地白

【采集地】广西百色市凌云县玉洪乡莲灯村。

【类型及分布】属于地方品种，马齿型，该村及周边有少量种植。

【主要特征特性】在南宁种植，生育期 104 天，全株叶 22.0 片，株型披散，株高 310.0cm，穗位高 184.8cm，果穗长 15.6cm，果穗粗 4.4cm，穗行数 12.4 行，行粒数 31.0 粒，出籽率 71.1%，千粒重 222.6g，果穗柱形，籽粒白色，马齿型，轴芯白色。人工接种鉴定该品种抗纹枯病和南方锈病，检测其籽粒蛋白质含量为 12.53%、脂肪含量为 4.33%、淀粉含量为 66.40%。

【利用价值】主要用作饲料，也可用作口粮。该品种抗病性较强，可用于品种选育，但植株和穗位较高，应注意改良。

种质名称：莲灯本地白
采集编号：2016453281

38. 德峨白玉米

【采集地】广西百色市隆林各族自治县德峨镇德峨村。

【类型及分布】属于地方品种，马齿型，该村有零星种植。

【主要特征特性】在南宁种植，生育期 116 天，全株叶 23.4 片，株高 332.5cm，穗位高 210.1cm，果穗长 19.6cm，果穗粗 4.9cm，穗行数 11.2 行，行粒数 39.2 粒，果穗柱形，籽粒白色，马齿型，轴芯白色。人工接种鉴定该品种高抗纹枯病、中抗南方锈病，检测其籽粒蛋白质含量为 13.02%、脂肪含量为 4.62%、淀粉含量为 64.52%。

【利用价值】由农户自行留种、自产自销，主要饲用或食用。该品种具有抗病性较强、果穗较长、品质较好等特性，是抗病优异种质资源，但植株和穗位太高而抗倒性差，用于品种选育时应改良或降低株高和穗位高。

种质名称：德峨白玉米
采集编号：2016453322

39. 岩头雪玉米

【采集地】广西百色市隆林各族自治县德峨乡岩头村。

【类型及分布】属于地方品种，马齿型，该村有零星种植。

【主要特征特性】在南宁种植，生育期 105 天，全株叶 22.9 片，株高 328.0cm，穗位高 192.2cm，果穗长 17.5cm，果穗粗 4.2cm，穗行数 11.4 行，行粒数 37.0 粒，果穗柱形，籽粒纯红色或纯白色，马齿型，轴芯白色。田间记载该品种感南方锈病，检测其籽粒蛋白质含量为 12.05%、脂肪含量为 4.14%、淀粉含量为 70.96%。

【利用价值】由农户自行留种、自产自销，主要饲用或食用。该品种具有籽粒淀粉含量较高、果穗较长、产量较高、适应性较广等特性，但植株和穗位太高而抗倒性较差，感南方锈病，用于品种选育时应降低株高和穗位高、提高抗病性和抗倒性。

种质名称：岩头雪玉米
采集编号：2016453338

40. 三冲白玉米

【采集地】广西百色市隆林各族自治县德峨乡三冲村。

【类型及分布】属于地方品种，马齿型，该村有零星种植。

【主要特征特性】在南宁种植，生育期 105 天，全株叶 21.5 片，株高 316.0cm，穗位高 159.3cm，果穗长 20.6cm，果穗粗 4.8cm，穗行数 13.8 行，行粒数 42.0 粒，果穗柱形，籽粒白色，马齿型，轴芯白色。人工接种鉴定该品种抗纹枯病、中抗南方锈病，检测其籽粒蛋白质含量为 12.95%、脂肪含量为 3.78%、淀粉含量为 67.74%。

【利用价值】由农户自行留种、自产自销，主要饲用或食用。该品种具有抗病性较强、果穗较长、适应性较广、品质较好等特性，但植株高而抗倒性较差，用于品种选育时应改良植株性状、提高抗倒性。

种质名称：三冲白玉米
采集编号：2016453352

41. 金平白玉米

【采集地】广西百色市隆林各族自治县德峨乡金平村。

【类型及分布】属于地方品种，马齿型，该村有零星种植。

【主要特征特性】在南宁种植，生育期 113 天，全株叶 20.8 片，株高 298.3cm，穗位高 149.9cm，果穗长 16.4cm，果穗粗 4.7cm，穗行数 13.4 行，行粒数 36.2 粒，果穗柱形，籽粒白色，马齿型，轴芯白色。人工接种鉴定该品种抗纹枯病，检测其籽粒蛋白质含量为 12.07%、脂肪含量为 4.27%、淀粉含量为 68.56%。

【利用价值】由农户自行留种、自产自销，主要饲用或食用。该品种株高较适宜，穗位偏高，适应性较广，产量较高，生产上可直接利用，也可用于品种选育。

种质名称：金平白玉米
采集编号：2016453386

42. 平上本地玉米

【采集地】 广西百色市西林县西平乡平上村。

【类型及分布】 属于地方品种，马齿型，该村有少量种植。

【主要特征特性】 在南宁种植，生育期113天，全株叶21.8片，株高305.5cm，穗位高164.0cm，果穗长16.6cm，果穗粗5.0cm，穗行数15.0行，行粒数36.8粒，出籽率76.1%，千粒重267.4g，果穗柱形，籽粒白色，马齿型，轴芯白色。人工接种鉴定该品种抗纹枯病、中抗南方锈病。

【利用价值】 由农户自行留种、自产自销，主要用于饲喂牲畜或用作口粮。该品种产量较高，适应性较广，生产上可直接利用，但植株较高而抗倒性差，用于品种选育时应注意改良植株性状。

种质名称: 平上本地玉米
采集编号: 2016453445

43. 果好白马牙

【采集地】广西河池市大化瑶族自治县乙圩乡果好村。

【类型及分布】属于地方品种，马齿型，该村及周边有零星种植。

【主要特征特性】在南宁种植，生育期 109 天，全株叶 20.9 片，株高 300.0cm，穗位高 149.3cm，果穗长 15.0cm，果穗粗 4.4cm，穗行数 13.4 行，行粒数 35.6 粒，出籽率 81.6%，千粒重 302.0g，果穗柱形，籽粒白色，马齿型，轴芯白色。人工接种鉴定该品种抗纹枯病，检测其籽粒蛋白质含量为 13.85%、脂肪含量为 4.38%、淀粉含量为 67.15%。

【利用价值】主要用作饲料，也可用作口粮。该品种具有抗纹枯病，籽粒较大、蛋白质含量较高，千粒重高，果穗粗、结实性好等特性，可用于选育高产玉米新品种，但应注意控制株高和穗位高。

种质名称：果好白马牙
采集编号：2016453520

44. 介福本地白

【采集地】广西百色市凌云县逻楼镇介福村。

【类型及分布】属于地方品种，马齿型，该村及周边有一定种植面积。

【主要特征特性】在南宁种植，生育期 103 天，全株叶 23.0 片，株高 332.5cm，穗位高 191.1cm，果穗长 17.2cm，果穗粗 4.6cm，穗行数 11.8 行，行粒数 32.0 粒，出籽率 65.2%，千粒重 238.6g，果穗柱形，籽粒白色，马齿型，轴芯白色。田间记载该品种感纹枯病和南方锈病，检测其籽粒蛋白质含量为 13.72%、脂肪含量为 4.04%、淀粉含量为 67.04%。

【利用价值】主要用作饲料，有时也用作口粮。该品种果穗较长、籽粒较大，可用于品种选育，但应注意改良植株性状、提高抗病性。

种质名称：介福本地白
采集编号：2016453568

45. 上牙墨白

【采集地】广西河池市凤山县金牙瑶族乡上牙村。

【类型及分布】属于地方品种，马齿型，该村及周边有一定种植面积。

【主要特征特性】在南宁种植，生育期 113 天，全株叶 23.0 片，株型披散，株高 334.5cm，穗位高 166.2cm，果穗长 16.6cm，果穗粗 5.0cm，穗行数 16.2 行，行粒数 38.0 粒，出籽率 70.8%，千粒重 305.7g，果穗柱形，籽粒白色，马齿型，轴芯白色。人工接种鉴定该品种抗纹枯病、感南方锈病，检测其籽粒蛋白质含量为 12.32%、脂肪含量为 4.55%、淀粉含量为 66.44%。

【利用价值】主要用作饲料，也用于煮制玉米粥食用。该品种适应性较广、果穗较粗，生产上可直接利用，也可用于品种选育，应注意改良植株性状、降低株高和穗位高。

种质名称：上牙墨白
采集编号：2016453763

46. 五柳墨白

【**采集地**】广西百色市平果市同老乡五柳村。

【**类型及分布**】属于地方品种，马齿型，该村及周边有零星种植。

【**主要特征特性**】在南宁种植，生育期92天，全株叶23.0片，株型披散，株高327.6cm，穗位高190.4cm，果穗长16.9cm，果穗粗4.5cm，穗行数13.6行，行粒数38.0粒，出籽率86.5%，千粒重256.3g，果穗柱形，籽粒白色、杂有少量黄色，马齿型，轴芯白色。田间记载该品种中抗纹枯病、感南方锈病，检测其籽粒蛋白质含量为13.47%、脂肪含量为4.22%、淀粉含量为68.01%。

【**利用价值**】主要用作饲料，也用于煮制玉米粥食用。该品种籽粒较大、轴芯小、出籽率高、品质较好，但植株和穗位都太高而易倒伏，用于品种选育时应降低株高和穗位高，并注意对抗病性的改良。

种质名称：五柳墨白
采集编号：2017451245

47. 岜木白马牙

【采集地】广西百色市乐业县花坪镇岜木村。

【类型及分布】属于地方品种，马齿型，该村有少量种植。

【主要特征特性】在南宁种植，生育期 97 天，全株叶 23.0 片，株高 312.8cm，穗位高 165.0cm，果穗长 17.5cm，果穗粗 4.6cm，穗行数 12.6 行，行粒数 36.0 粒，出籽率 79.9%，千粒重 257.3g，果穗柱形，籽粒黄色和白色，马齿型，轴芯白色。经检测，该品种籽粒蛋白质含量为 12.98%、脂肪含量为 4.41%、淀粉含量为 66.65%。

【利用价值】主要用作饲料，有时也用于煮制玉米粥食用。该品种生育期较适宜、果穗较长，但植株和穗位偏高，用于品种选育时应注意改良植株性状、增强抗病性。

种质名称：岜木白马牙

采集编号：2017453009

48. 江洞白马牙

【采集地】广西百色市田林县浪平乡江洞村。

【类型及分布】属于地方品种，马齿型，该村及周边有少量种植。

【主要特征特性】在南宁种植，生育期 90 天，全株叶 24.0 片，株高 336.0cm，穗位高 192.8cm，果穗长 18.7cm，果穗粗 5.0cm，穗行数 12.4 行，行粒数 36.0 粒，出籽率 71.1%，千粒重 242.8g，果穗锥形，籽粒白色和黄色，马齿型，轴芯白色。田间记载该品种感纹枯病和南方锈病，检测其籽粒蛋白质含量为 12.99%、脂肪含量为 4.05%、淀粉含量为 66.73%。

【利用价值】主要用作饲料，也可用作口粮。该品种早熟，果穗粗长，籽粒较大，植株高大而易倒伏，可用于品种选育，但应注意植株性状的改良、提高抗病性。

种质名称：江洞白马牙
采集编号：2017453015

49. 弄坝白马牙

【采集地】广西百色市田林县浪平乡弄坝村。

【类型及分布】属于地方品种，马齿型，该村及周边有零星种植。

【主要特征特性】在南宁种植，生育期102天，全株叶21.0片，株型披散，株高274.6cm，穗位高138.2cm，果穗长15.9cm，果穗粗4.1cm，穗行数12.2行，行粒数22.0粒，出籽率63.4%，千粒重239.8g，果穗锥形，籽粒白色、杂有黄色，马齿型，轴芯白色。经检测，该品种籽粒蛋白质含量为13.50%、脂肪含量为4.17%、淀粉含量为65.86%。

【利用价值】主要用作饲料，少量食用。该品种生育期较短，果穗结实性稍差，可用于品种改良，但应注意对抗病性的选择、降低株高、提高出籽率与产量。

种质名称：弄坝白马牙
采集编号：2017453019

50. 弄桑墨白

【**采集地**】广西百色市隆林各族自治县新州镇弄桑村。

【**类型及分布**】属于地方品种，马齿型，该村及周边有少量种植。

【**主要特征特性**】在南宁种植，生育期 97 天，全株叶 21.0 片，株型披散，株高 292.4cm，穗位高 172.0cm，果穗长 15.6cm，果穗粗 4.2cm，穗行数 12.0 行，行粒数 27.0 粒，出籽率 68.2%，千粒重 198.3g，果穗柱形，籽粒白色，马齿型，轴芯白色。人工接种鉴定该品种抗纹枯病，检测其籽粒蛋白质含量为 11.22%、脂肪含量为 4.62%、淀粉含量为 68.75%。

【**利用价值**】主要用作饲料，有时也食用。该品种可作为育种材料对纹枯病抗性进行改良。

种质名称：弄桑墨白
采集编号：2017453057

51. 东风白马牙

【采集地】广西河池市凤山县砦牙乡东风村。

【类型及分布】属于地方品种，马齿型，该村及周边有少量种植。

【主要特征特性】在南宁秋季种植，生育期 102 天，株高 267.5cm，穗位高 146.5cm，果穗长 13.6cm，果穗粗 4.0cm，穗行数 12.6 行，行粒数 27.6 粒，出籽率 81.7%，千粒重 237.5g，果穗柱形，籽粒白色、杂有黄色，马齿型，轴芯白色。经检测，该品种籽粒蛋白质含量为 11.69%、脂肪含量为 4.97%、淀粉含量为 69.21%。

【利用价值】由农户自行留种，主要用作畜禽饲料，少量用于煮制玉米粥食用。该品种籽粒淀粉含量较高、品质较好，可用于品种选育，但应注意改良植株性状。

种质名称：东风白马牙
采集编号：2018453004

52. 龙相墨白

【采集地】广西河池市凤山县乔音乡龙相村。

【类型及分布】属于地方品种，马齿型，该村及周边有少量种植。

【主要特征特性】在南宁秋季种植，生育期 98 天，株高 268.0cm，穗位高 146.5cm，果穗长 14.1cm，果穗粗 4.4cm，穗行数 14.4 行，行粒数 30.8 粒，出籽率 88.3%，千粒重 231.5g，果穗柱形、籽粒白色、杂有少量黄色、马齿型，轴芯白色。经检测，该品种籽粒蛋白质含量为 12.09%、脂肪含量为 4.95%、淀粉含量为 68.50%。

【利用价值】由农户自行留种，主要用作畜禽饲料，少量用于煮制玉米粥食用。该品种结实率高、出籽率高、果穗较长，可用于品种选育，但应注意改良抗病性和植株性状、降低穗位高。

种质名称：龙相墨白
采集编号：2018453006

53. 大平墨白

【采集地】广西河池市凤山县金牙瑶族乡大平村。

【类型及分布】属于地方品种，马齿型，该村及周边有少量种植。

【主要特征特性】在南宁秋季种植，生育期 100 天，株高 279.0cm，穗位高 154.3cm，果穗长 13.2cm，果穗粗 4.6cm，穗行数 14.2 行，行粒数 30.2 粒，出籽率 76.9%，千粒重 208.0g，果穗柱形，籽粒白色，马齿型，轴芯白色。经检测，该品种籽粒蛋白质含量为 12.56%、脂肪含量为 4.86%、淀粉含量为 66.35%。

【利用价值】由农户自行留种，主要用作畜禽饲料，少量用于煮制玉米粥食用。该品种在当地产量较高，农户隔离种植意识较好，纯度较高，可直接用于生产；用于品种选育时应注意改良抗病性和植株性状、降低株高和穗位高。

种质名称：大平墨白
采集编号：2018453007

54. 同乐墨白

【采集地】广西河池市凤山县乔音乡同乐村。

【类型及分布】属于地方品种，马齿型，该村及周边有少量种植。

【主要特征特性】在南宁秋季种植，生育期 102 天，株高 257.3cm，穗位高 126.5cm，果穗长 13.1cm，果穗粗 4.3cm，穗行数 12.4 行，行粒数 27.9 粒，出籽率 82.1%，千粒重 227.5g，果穗柱形，籽粒白色，马齿型，轴芯白色。经检测，该品种籽粒蛋白质含量为 12.24%、脂肪含量为 4.42%、淀粉含量为 69.71%。

【利用价值】由农户自行留种，主要用作畜禽饲料，少量用于煮制玉米粥食用。该品种出籽率较高、品质较好，可用于品种选育，但应注意改良抗病性和果穗性状、提高产量潜力。

55. 同乐红墨白

【采集地】广西河池市凤山县乔音乡同乐村。

【类型及分布】属于地方品种，马齿型，该村及周边有零星种植。

【主要特征特性】在南宁秋季种植，生育期 102 天，株高 256.5cm，穗位高 117.6cm，果穗长 13.6cm，果穗粗 4.6cm，穗行数 12.4 行，行粒数 27.5 粒，出籽率 84.5%，千粒重 280.0g，果穗柱形，籽粒白色、杂有黄色或橘黄色，马齿型，轴芯白色或红色。经检测，该品种籽粒蛋白质含量为 11.41%、脂肪含量为 4.82%、淀粉含量为 69.75%。

【利用价值】由农户自行留种，主要用作畜禽饲料，少量用于煮制玉米粥食用。该品种株高和穗位高适宜、出籽率较高、品质较好，可用于品种选育，但应注意改良抗病性和果穗性状、提高产量潜力。

种质名称：同乐红墨白
采集编号：2018453012

56. 定安白马牙

【采集地】广西河池市东兰县长乐镇定安村。

【类型及分布】属于地方品种，马齿型，该村及周边有少量种植。

【主要特征特性】在南宁种植，生育期 97 天，全株叶 23.4 片，株高 281.0cm，穗位高 138.7cm，果穗长 13.1cm，果穗粗 4.2cm，穗行数 13.6 行，行粒数 30.1 粒，出籽率 76.2%，千粒重 190.5g，果穗柱形，籽粒白色，马齿型，轴芯白色，秃尖长 0.5cm。

【利用价值】主要用于饲养家禽，少量用于煮制玉米粥食用。该品种用于品种选育时，应注意降低株高和穗位高、改良果穗性状、提高产量潜力。

种质名称：定安白马牙
采集编号：2018453019

57. 四合白马牙

【采集地】广西河池市东兰县三石镇四合村。

【类型及分布】属于地方品种，马齿型，该村及周边有少量种植。

【主要特征特性】在南宁种植，生育期 105 天，全株叶 23.2 片，株高 311.0cm，穗位高 156.9cm，果穗长 13.6cm，果穗粗 4.1cm，穗行数 12.2 行，行粒数 29.6 粒，出籽率 81.2%，千粒重 248.0g，果穗柱形，籽粒白色，马齿型，轴芯白色，秃尖长 1.1cm。经检测，该品种籽粒蛋白质含量为 11.59%、脂肪含量为 4.55%、淀粉含量为 69.64%。

【利用价值】主要用于饲养家禽，也用作口粮。该品种用于品种选育时，应注意降低株高和穗位高，提高抗病性、抗倒性。

种质名称：四合白马牙
采集编号：2018453025

58. 板河白马牙

【采集地】广西来宾市忻城县城关镇板河村。

【类型及分布】属于地方品种，马齿型，该村及周边有一定种植面积。

【主要特征特性】在南宁种植，生育期 114 天，全株叶 22.0 片，株高 265.0cm，穗位高 103.5cm，果穗长 13.0cm，果穗粗 4.4cm，穗行数 11.2 行，行粒数 29.0 粒，出籽率 80.6%，千粒重 259.0g，果穗锥形，籽粒白色，马齿型，轴芯白色。经检测，该品种籽粒蛋白质含量为 11.26%、脂肪含量为 4.39%、淀粉含量为 68.51%。

【利用价值】主要用作饲料，有时也用于煮制玉米粥食用。该品种在生产上还有一定种植面积，果穗粗，籽粒大，可用于品种选育，但应注意对株高和抗病性的改良。

种质名称：板河白马牙
采集编号：YM2018YM001

59. 思耕墨白

【采集地】广西来宾市忻城县城关镇思耕村。

【类型及分布】属于地方品种，马齿型，该村及周边有少量种植。

【主要特征特性】在南宁种植，生育期 105 天，全株叶 21.4 片，株高 253.5cm，穗位高 114.5cm，果穗长 13.6cm，果穗粗 4.3cm，穗行数 13.6 行，行粒数 35.0 粒，出籽率 83.1%，千粒重 207.5g，果穗柱形，籽粒白色，马齿型，轴芯白色。经检测，该品种籽粒蛋白质含量为 11.84%、脂肪含量为 4.54%、淀粉含量为 69.86%。

【利用价值】由农户自行留种、自产自销，主要用作饲料，有时也用于煮制玉米粥食用。该品种耐旱性较好，适应性较广，籽粒较深，可用于品种选育，但应改良果穗性状、提高抗病性。

种质名称：思耕墨白
采集编号：YM2018YM010

60. 龙贵墨白

【采集地】广西南宁市上林县镇圩瑶族乡龙贵村。

【类型及分布】属于地方品种，马齿型，该村及周边有少量种植。

【主要特征特性】在南宁秋季种植，生育期106天，株高264.7cm，穗位高114.2cm，果穗长11.1cm，果穗粗4.4cm，穗行数15.4行，行粒数26.2粒，出籽率83.4%，千粒重173.0g，果穗柱形，籽粒白色，马齿型，轴芯白色。经检测，该品种籽粒蛋白质含量为10.78%、脂肪含量为5.03%、淀粉含量为69.95%。

【利用价值】主要用作饲料，少量用于煮制玉米粥食用。该品种具有植株高大、果穗短粗、籽粒脂肪和淀粉含量高等特性，生产上有一定种植面积；用于品种选育时，应注意改良产量性状、降低株高和穗位高。

种质名称：龙贵墨白
采集编号：YM2018YM019

61. 中可墨白

【采集地】广西南宁市上林县塘红乡中可社区。

【类型及分布】属于地方品种，马齿型，该村及周边有少量种植。

【主要特征特性】在南宁秋季种植，生育期103天，株高248.5cm，穗位高110.2cm，果穗长13.0cm，果穗粗4.3cm，穗行数12.2行，行粒数29.7粒，出籽率84.1%，千粒重263.0g，果穗柱形，籽粒白色、杂有少量黄色，马齿型，轴芯白色。经检测，该品种籽粒蛋白质含量为10.85%、脂肪含量为4.63%、淀粉含量为70.50%。

【利用价值】主要用作饲料，少量用于煮制玉米粥食用。该品种具有植株高大、穗位高适宜、轴芯较小、出籽率较高、籽粒淀粉含量高等特性，生产上还有少量种植；用于品种选育时，应注意对抗病性的选择、改良产量性状、降低株高。

种质名称：中可墨白
采集编号：YM2018YM021

62. 合作墨白

【采集地】广西南宁市马山县白山镇合作村。

【类型及分布】属于地方品种，马齿型，该村及周边有零星种植。

【主要特征特性】在南宁秋季种植，生育期 109 天，株高 240.6cm，穗位高 110.6cm，果穗长 12.9cm，果穗粗 4.7cm，穗行数 15.8 行，行粒数 31.3 粒，出籽率 81.6%，千粒重 183.5g，果穗柱形，籽粒白色、杂有少量黄色，马齿型，轴芯白色。经检测，该品种籽粒蛋白质含量为 10.54%、脂肪含量为 4.39%、淀粉含量为 69.52%。

【利用价值】主要用作饲料，少量用于煮制玉米粥食用。该品种株高和穗位高适宜，产量较高，籽粒淀粉含量高，用于品种选育时应注意对抗病性的选择、改良果穗性状。

种质名称：合作墨白
采集编号：YM2018YM023

63. 龙那本地黄

【采集地】广西南宁市马山县里当乡龙那村。

【类型及分布】属于地方品种，马齿型，该村及周边有少量种植。

【主要特征特性】在南宁秋季种植，生育期 104 天，株高 228.8cm，穗位高 98.2cm，果穗长 12.6cm，果穗粗 2.2cm，穗行数 14.8 行，行粒数 27.6 粒，出籽率 84.4%，千粒重 236.0g，果穗柱形，籽粒黄色，马齿型，轴芯白色。经检测，该品种籽粒蛋白质含量为 11.40%、脂肪含量为 4.98%、淀粉含量为 70.69%。

【利用价值】由农户自行留种、自产自销，主要用作饲料，有时也用作口粮。该品种具有株高和穗位高适宜、结实性较好、出籽率较高、籽粒脂肪和淀粉含量高等特性，用于品种选育时应注意对抗病性的选择、改良产量性状。

种质名称：龙那本地黄
采集编号：YM2018YM025

64. 造华白马牙

【采集地】广西南宁市马山县白山镇造华村。

【类型及分布】属于地方品种，马齿型，该村及周边有零星种植。

【主要特征特性】在南宁秋季种植，生育期 104 天，株高 222.9cm，穗位高 85.5cm，果穗长 13.5cm，果穗粗 4.4cm，穗行数 14.4 行，行粒数 29.1 粒，出籽率 81.5%，千粒重 231.5g，果穗柱形，籽粒白色、杂有少量黄色，马齿型，轴芯白色。经检测，该品种籽粒蛋白质含量为 11.17%、脂肪含量为 4.15%、淀粉含量为 70.78%。

【利用价值】由农户自行留种、自产自销，主要用作饲料，少量用于煮制玉米粥食用。该品种植株较矮、穗位较低、抗倒性较好、籽粒较大且淀粉含量高，用于品种选育时应注意对抗病性的选择、改良产量性状。

种质名称：造华白马牙
采集编号：YM2018YM026

65. 中白玉米

【采集地】广西南宁市马山县里当乡北屏村。

【类型及分布】属于地方品种，马齿型，该村及周边有零星种植。

【主要特征特性】在南宁秋季种植，生育期103天，株高229.9cm，穗位高96.8cm，果穗长12.7cm，果穗粗4.1cm，穗行数12.2行，行粒数28.2粒，出籽率84.3%，千粒重228.0g，果穗柱形，籽粒白色、杂有少量黄色，马齿型，轴芯白色。经检测，该品种籽粒蛋白质含量为11.04%、脂肪含量为4.41%、淀粉含量为70.13%。

【利用价值】由农户自行留种、自产自销，主要用作饲料，少量用于煮制玉米粥食用。该品种具有株高和穗位高适宜、抗倒性较好、出籽率较高、籽粒淀粉含量高等特性，用于品种选育时应注意对抗病性的选择、改良产量性状。

种质名称：中白玉米
采集编号：YM2018YM029

第三节　中间型普通玉米农家品种

1. 岑山白马牙

【采集地】广西南宁市隆安县布泉乡岑山村。

【类型及分布】属于地方品种，中间型，该村及周边有少量种植。

【主要特征特性】在南宁种植，生育期 113 天，全株叶 21.6 片，株高 340.0cm，穗位高 174.8cm，果穗长 19.0cm，果穗粗 3.9cm，穗行数 11.4 行，行粒数 39.0 粒，果穗锥形，籽粒白色，中间型，轴芯白色，秃尖长 0.8cm。人工接种鉴定该品种抗纹枯病、感南方锈病，检测其籽粒蛋白质含量为 11.67%、脂肪含量为 4.97%、淀粉含量为 69.25%。

【利用价值】由农户自行留种，主要用作饲料，有时也用作口粮。该品种果穗长、籽粒脂肪和淀粉含量较高、品质较好，可用于品种选育，但应改良其对南方锈病的抗性、降低株高和穗位高。

2. 布机土玉米

【采集地】广西南宁市宾阳县洋桥镇布机村。

【类型及分布】属于地方品种，中间型，该村及周边有零星种植。

【主要特征特性】在南宁种植，生育期 104 天，全株叶 17.0 片，株高 195.7cm，穗位高 89.0cm，果穗长 12.0cm，果穗粗 4.2cm，穗行数 15.0 行，行粒数 27.4 粒，出籽率 83.5%，千粒重 229.2g，果穗柱形，籽粒黄色，中间型，轴芯白色。人工接种鉴定该品种高感纹枯病、抗南方锈病，检测其籽粒蛋白质含量为 11.93%、脂肪含量为 5.13%、淀粉含量为 66.75%。

【利用价值】主要用作饲料，用作粮食时口感较好。该品种具有植株较矮、穗位较低、结实率高、秃尖少、籽粒脂肪含量高等特性，可用于品种改良和选育。

P450126044

P450126044

3. 烟竹红玉米

【采集地】广西桂林市资源县两水苗族乡烟竹村。

【类型及分布】属于地方品种，中间型，该村有零星种植。

【主要特征特性】在南宁种植，生育期 103 天，全株叶 16.7 片，株高 234.0cm，穗位高 91.1cm，果穗长 16.6cm，果穗粗 4.6cm，穗行数 16.4 行，行粒数 33.0 粒，果穗柱形，籽粒黄色、杂有少量紫色，中间型，轴芯白色或红色。

【利用价值】由农户自行留种、自产自销，主要用作饲料，用作粮食时口感较好，可用于煮制玉米粥。该品种抗倒性较好、品质优、适应性广、高感纹枯病、中抗南方锈病，可用于品种选育，但应注意对抗病性的选择。

种质名称：烟竹红玉米
采集编号：P450329018

种质名称：烟竹红玉米
采集编号：P450329018

4. 巴书本地玉米

【**采集地**】广西百色市德保县巴头乡陇位村。

【**类型及分布**】属于地方品种,中间型,该村有零星种植。

【**主要特征特性**】在南宁种植,生育期 86 天,全株叶 23.0 片,株型披散,株高 345.6cm,穗位高 191.6cm,果穗长 15.8cm,果穗粗 4.2cm,穗行数 10.4 行,行粒数 22.0 粒,出籽率 67.3%,千粒重 300.0g,果穗锥形,籽粒淡黄色、杂有少量红色或白色,中间型,轴芯白色或红色。经检测,该品种籽粒蛋白质含量为 13.25%、脂肪含量为 4.33%、淀粉含量为 65.81%。

【**利用价值**】主要用作饲料,有时也用于煮制玉米粥食用。该品种早熟,可用于品种改良,但应注意对抗病性的选择、降低株高、提高出籽率和产量。

种质名称:巴书本地玉米
采集编号:P451024017

5. 陇位本地黄

【采集地】广西百色市德保县巴头乡陇位村。

【类型及分布】属于地方品种，中间型，该村有零星种植。

【主要特征特性】在南宁种植，生育期 92 天，全株叶 22.0 片，株型披散，株高 329.2cm，穗位高 176.2cm，果穗长 13.3cm，果穗粗 4.3cm，穗行数 13.2 行，行粒数 24.0 粒，出籽率 72.3%，千粒重 273.5g，果穗锥形，籽粒黄色或红色，中间型，轴芯 白色或红色。经检测，该品种籽粒蛋白质含量为 13.26%、脂肪含量为 4.32%、淀粉含量为 66.97%。

【利用价值】主要用作饲料，有时也用作口粮。该品种生育期较短，可用于品种改良，但应注意对抗病性的选择、降低株高、提高出籽率与产量。

种质名称：陇位本地黄
采集编号：P451024018

6. 老中造玉米

【采集地】广西百色市乐业县逻沙乡龙南村。

【类型及分布】属于地方品种，中间型，该村有零星种植。

【主要特征特性】在南宁种植，生育期112天，全株叶21.4片，株高296.0cm，穗位高157.9cm，果穗长17.0cm，果穗粗4.6cm，穗行数10.8行，行粒数30.0粒，果穗柱形，籽粒黄色和白色，中间型，轴芯白色。经检测，该品种籽粒蛋白质含量为12.95%、脂肪含量为4.45%、淀粉含量为67.70%。

【利用价值】由农户自行留种、自产自销，主要用作饲料，也用于煮制玉米粥食用，口感较好。该品种具有抗倒性较好、品质优、适应性较广等特性，可用于品种选育，但应注意降低株高和穗位高、提高抗病性。

种质名称：老中造玉米
采集编号：P451028010

7. 岜木黄玉米

【采集地】广西百色市乐业县花坪镇岜木村。

【类型及分布】属于地方品种，中间型，该村有零星种植。

【主要特征特性】在南宁种植，生育期 105 天，全株叶 22.0 片，株高 311.8cm，穗位高 167.2cm，果穗长 18.6cm，果穗粗 4.8cm，穗行数 12.2 行，行粒数 32.8 粒，果穗锥形，籽粒黄色和白色，中间型，轴芯白色。人工接种鉴定该品种中抗南方锈病，检测其籽粒蛋白质含量为 12.75%、脂肪含量为 4.43%、淀粉含量为 67.65%。

【利用价值】由农户自行留种、自产自销，主要用作饲料，也用于煮制玉米粥食用，品质较好。该品种植株高而抗倒性差，果穗较长，可用于品种选育，但应注意降低株高和穗位高。

种质名称：岜木黄玉米
采集编号：P451028021

8. 龙南血玉米

【采集地】广西百色市乐业县逻沙乡龙南村。

【类型及分布】属于地方品种，中间型，该村有零星种植。

【主要特征特性】在南宁种植，生育期112天，全株叶22.1片，株高315.5cm，穗位高170.8cm，果穗长16.0cm，果穗粗4.6cm，穗行数13.6行，行粒数31.0粒，果穗柱形，籽粒黄色或红色（少量），中间型，轴芯白色。人工接种鉴定该品种抗纹枯病和南方锈病，检测其籽粒蛋白质含量为12.83%、脂肪含量为4.46%、淀粉含量为66.33%。

【利用价值】主要用作粮食，品质较好。该品种抗病性较强、适应性较广，但植株高而抗倒性差，用于品种选育时，应注意降低株高和穗位高。

种质名称：龙南血玉米
采集编号：P451028026

9. 委尧黄玉米

【采集地】广西百色市隆林各族自治县沙梨乡委尧村。

【类型及分布】属于地方品种，中间型，该村及周边有零星种植。

【主要特征特性】在南宁种植，生育期111天，全株叶22.0片，株高301.4cm，穗位高138.0cm，果穗长15.8cm，果穗粗4.2cm，穗行数13.2行，行粒数33.2粒，果穗柱形，籽粒黄色，中间型，轴芯白色，秃尖长0.4cm。人工接种鉴定该品种感纹枯病、中抗南方锈病，检测其籽粒蛋白质含量为12.59%、脂肪含量为4.65%、淀粉含量为67.62%。

【利用价值】主要由农户自行留种，用于喂养牲畜，有时也用作口粮。该品种具有籽粒优质、抗旱、耐寒、广适、耐贫瘠等特征，可用于品种选育，但应改良其对纹枯病的抗性、降低株高和穗位高。

10. 顶吉本地白

【采集地】广西河池市环江毛南族自治县川山镇顶吉村。

【类型及分布】属于地方品种，中间型，该村及周边有零星种植。

【主要特征特性】在南宁种植，生育期108天，全株叶23.0片，株高300.0cm，穗位高147.0cm，果穗长17.6cm，果穗粗4.2cm，穗行数10.8行，行粒数30.0粒，出籽率71.2%，千粒重326.0g，果穗柱形，籽粒白色，中间型，轴芯白色。田间记载该品种中抗纹枯病，检测其籽粒蛋白质含量为13.36%、脂肪含量为4.78%、淀粉含量为67.85%。

【利用价值】主要用作饲料，少量食用。该品种果穗较长、品质较好，但植株和穗位偏高，用于品种选育时应注意改良植株性状、提高结实率和出籽率。

种质名称：顶吉本地白
采集编号：P451226011

种质名称：顶吉本地白
采集编号：P451226011

11. 崇山白玉米

【**采集地**】广西河池市都安瑶族自治县隆福乡崇山村。

【**类型及分布**】属于地方品种，中间型，该村及周边有少量种植。

【**主要特征特性**】在南宁种植，生育期 113 天，全株叶 21.8 片，株高 311.4cm，穗位高 175.8cm，果穗长 18.7cm，果穗粗 4.2cm，穗行数 12.6 行，行粒数 37.4 粒，果穗柱形，籽粒白色，中间型，轴芯白色，秃尖长 0.1cm。人工接种鉴定该品种抗纹枯病、中抗南方锈病，检测其籽粒蛋白质含量为 11.53%、脂肪含量为 4.67%、淀粉含量为 69.75%。

【**利用价值**】由农民自行留种，主要用作饲料，也用作口粮，口感较好。该品种抗病性强、果穗长、籽粒淀粉含量较高，可用于品种选育，但应降低株高、穗位高和空秆率。

12. 上梅白玉米

【采集地】广西河池市都安瑶族自治县隆福乡上梅村。

【类型及分布】属于地方品种，中间型，该村及周边有零星种植。

【主要特征特性】在南宁种植，生育期113天，全株叶24.2片，株高300.6cm，穗位高157.8cm，果穗长16.2cm，果穗粗4.0cm，穗行数13.4行，行粒数33.0粒，果穗柱形，籽粒白色，中间型，轴芯白色，秃尖长0.4cm。人工接种鉴定该品种抗纹枯病、中抗南方锈病，检测其籽粒蛋白质含量为12.46%、脂肪含量为4.38%、淀粉含量为69.28%。

【利用价值】由农户自行留种，主要用作饲料，也用作口粮，口感较好。该品种抗病性较强、籽粒淀粉含量较高、果穗较长，可用于品种选育，但应降低株高和穗位高、改良果穗性状。

13. 平坛黄玉米

【采集地】广西百色市那坡县百合乡平坛村。

【类型及分布】属于地方品种，中间型，该村及周边有少量种植。

【主要特征特性】在南宁种植，生育期 108 天，全株叶 22.2 片，株高 275.2cm，穗位高 150.8cm，果穗长 16.2cm，果穗粗 4.2cm，穗行数 11.4 行，行粒数 30.8 粒，果穗柱形，籽粒黄色，中间型，轴芯白色，秃尖长 0.4cm。人工接种鉴定该品种抗纹枯病、中抗南方锈病。

【利用价值】由农户自行留种，主要用作饲料，也用作口粮。该品种抗病性较强、果穗较长，可用于品种选育，但应降低穗位高。

14. 平坛紫玉米

【采集地】广西百色市那坡县百合乡平坛村。

【类型及分布】属于地方品种，中间型，该村及周边有零星种植。

【主要特征特性】在南宁种植，生育期 105 天，全株叶 19.8 片，株高 279.8cm，穗位高 130.6cm，果穗长 16.2cm，果穗粗 4.0cm，穗行数 11.2 行，行粒数 34.4 粒，果穗柱形，籽粒花色，中间型，轴芯白色，秃尖长 0.8cm。人工接种鉴定该品种感纹枯病、中抗南方锈病，检测其籽粒蛋白质含量为 12.03%、脂肪含量为 4.25%、淀粉含量为 69.56%。

【利用价值】主要由农户自行留种，食用和用于喂养家禽。该品种果穗较长、籽粒淀粉含量较高、早熟性较好，但结实性较差，可用于品种选育，但应改良其对纹枯病的抗性、降低穗位高和空秆率、提高结实率。

15. 共合黄玉米

【采集地】广西百色市那坡县龙合乡共合村。

【类型及分布】属于地方品种，中间型，该村有零星种植。

【主要特征特性】在南宁种植，生育期 112 天，全株叶 21.9 片，株高 315.3cm，穗位高 177.5cm，果穗长 16.2cm，果穗粗 4.4cm，穗行数 12.6 行，行粒数 25.2 粒，果穗柱形，籽粒黄色，中间型，轴芯白色，秃尖长 1.4cm。人工接种鉴定该品种抗纹枯病、中抗南方锈病，检测其籽粒蛋白质含量为 12.33%、脂肪含量为 4.30%、淀粉含量为 64.15%。

【利用价值】由农户自行留种、自产自销，主要用于喂养家禽，有时也食用。该品种抗病性较强、果穗较长、双穗率较高，可用于品种选育，但应降低株高和穗位高。

16. 弄民黄玉米

【采集地】广西百色市那坡县百南乡弄民村。

【类型及分布】属于地方品种，中间型，该村及周边有零星种植。

【主要特征特性】在南宁种植，生育期 106 天，全株叶 21.0 片，株高 305.5cm，穗位高 166.8cm，果穗长 16.2cm，果穗粗 4.5cm，穗行数 13.2 行，行粒数 31.0 粒，出籽率 74.3%，千粒重 287.6g，果穗柱形，籽粒黄色和淡黄色，中间型，轴芯白色。经检测，该品种籽粒蛋白质含量为 12.36%、脂肪含量为 4.69%、淀粉含量为 66.72%。

【利用价值】主要用作饲料，也用作口粮。该品种植株和穗位太高而易倒伏，果穗较长，用于品种选育时应注意对抗病性的选择、降低株高和穗位高、提高结实率。

17. 马元黄玉米

【采集地】广西百色市那坡县龙合乡马元村。

【类型及分布】属于地方品种，中间型，该村有零星种植。

【主要特征特性】在南宁种植，生育期109天，全株叶21.6片，株高310.0cm，穗位高159.0cm，果穗长14.8cm，果穗粗4.3cm，穗行数10.4行，行粒数24.0粒，果穗锥形，籽粒淡黄色，中间型，轴芯白色，秃尖长0.7cm。人工接种鉴定该品种抗纹枯病、感南方锈病，检测其籽粒蛋白质含量为13.10%、脂肪含量为4.16%、淀粉含量为67.55%。

【利用价值】由农户自行留种、自产自销，主要用于喂养家禽，也用作口粮。该品种可用于品种选育，但应注意改良其对南方锈病的抗性、降低株高和穗位高。

18. 越南 68

【采集地】广西崇左市凭祥市友谊镇三联村。

【类型及分布】属于地方品种，中间型，从越南边境引入，该村及周边有少量种植。

【主要特征特性】在南宁种植，生育期为 111 天，全株叶 19.2 片，株高 238.6cm，穗位高 111.6cm，果穗长 15.0cm，果穗粗 4.5cm，穗行数 15.2 行，行粒数 33.4 粒，出籽率 85.6%，千粒重 241.0g，果穗柱形，籽粒黄色，中间型，轴芯白色。经检测，该品种籽粒蛋白质含量为 12.86%、脂肪含量为 4.49%、淀粉含量为 66.40%。

【利用价值】主要用作饲料饲喂畜禽，也用于煮制玉米粥食用。该品种粒色金黄、品质较优，可用于选育食用型优质玉米新品种，但应注意控制穗位高。

种质名称：越南 68
采集编号：2015453403

2015453403

19. 白土玉米

【采集地】广西河池市巴马瑶族自治县西山乡拉林村。

【类型及分布】属于地方品种，中间型，该村有少量种植。

【主要特征特性】在南宁种植，生育期 107 天，全株叶 21.0 片，株高 317.0cm，穗位高 183.4cm，果穗长 15.8cm，果穗粗 4.2cm，穗行数 12.6 行，行粒数 32.2 粒，果穗柱形，籽粒白色，中间型，轴芯白色，秃尖长 0.1cm。人工接种鉴定该品种抗纹枯病、感南方锈病，检测其籽粒蛋白质含量为 11.63%、脂肪含量为 4.74%、淀粉含量为 70.11%。

【利用价值】由农户自行留种，主要用作饲料，也用于煮制玉米粥食用。该品种籽粒淀粉含量高，可用于品种选育，但应注意改良其对南方锈病的抗性、降低株高和穗位高。

2015453409

2015453409

20. 白岩苞谷

【采集地】广西百色市凌云县泗城镇陇浩村。

【类型及分布】属于地方品种，中间型，该村及周边有零星种植。

【主要特征特性】在南宁种植，生育期 107 天，全株叶 22.0 片，株高 312.9cm，穗位高 169.1cm，果穗长 14.7cm，果穗粗 3.8cm，穗行数 10.8 行，行粒数 26.0 粒，出籽率 74.1%，千粒重 234.7g，果穗锥形，籽粒白色，中间型，轴芯白色。经检测，该品种籽粒蛋白质含量为 13.14%、脂肪含量为 4.88%、淀粉含量为 66.04%。

【利用价值】主要用作饲料，少量食用。该品种生育期较适宜，但植株和穗位太高，可作为种质资源保存。

21. 水头老玉米

【采集地】广西桂林市资源县瓜里乡水头村。

【类型及分布】属于地方品种，中间型，该村有少量种植。

【主要特征特性】在南宁种植，生育期98天，全株叶19.7片，株高222.0cm，穗位高98.2cm，果穗长17.6cm，果穗粗4.7cm，穗行数15.2行，行粒数32.4粒，出籽率79.3%，千粒重321.9g，果穗柱形，籽粒白色和黄色，中间型，轴芯白色或红色。田间记载该品种高感纹枯病、中抗南方锈病，检测其籽粒蛋白质含量为12.72%、脂肪含量为4.23%、淀粉含量为69.46%。

【利用价值】主要用作饲料，用于喂养畜禽。该品种具有千粒重高、籽粒淀粉含量较高、品质较好、果穗较长、结实性好、较早熟等特性，株高和穗位高适宜，用于品种选育时应注意对纹枯病抗性的选择、提高出籽率。

种质名称：水头老玉米
采集编号：2016452028

22. 中齿玉米

【采集地】广西桂林市恭城瑶族自治县三江乡大地村。

【类型及分布】属于地方品种，中间型，该村及周边有少量种植。

【主要特征特性】在南宁种植，生育期 103 天，全株叶 20.0 片，株高 230.3cm，穗位高 95.8cm，果穗长 13.6cm，果穗粗 4.6cm，穗行数 13.6 行，行粒数 33 粒，出籽率 75.9%，千粒重 284.3g，果穗柱形，籽粒白色、杂有少量黄色，中间型，轴芯白色或红色。人工接种鉴定该品种中抗纹枯病和南方锈病，检测其籽粒蛋白质含量为 11.65%、脂肪含量为 4.03%、淀粉含量为 69.40%。

【利用价值】主要用作饲料，用于喂养禽畜。该品种抗倒性、耐旱性和耐寒性较好，具有籽粒淀粉含量较高等特性，可用于品种选育。

种质名称：中齿玉米
采集编号：2016452636

29. 德峨黄玉米

【采集地】广西百色市隆林各族自治县德峨乡德峨村。

【类型及分布】属于地方品种，中间型，该村及周边有零星种植。

【主要特征特性】在南宁种植，生育期 105 天，全株叶 23.0 片，株型披散，株高 320.8cm，穗位高 181.6cm，果穗长 16.1cm，果穗粗 4.0cm，穗行数 12.2 行，行粒数 33.0 粒，出籽率 70.8%，千粒重 221.9g，果穗柱形，籽粒黄色和白色，中间型，轴芯白色。经检测，该品种籽粒蛋白质含量为 12.76%、脂肪含量为 4.11%、淀粉含量为 68.46%。

【利用价值】主要用作饲料，也用作口粮。该品种可用于品种改良，但应注意对抗病性的选择、降低株高、提高出籽率和产量。

30. 金平红玉米

【采集地】广西百色市隆林各族自治县德峨乡金平村。

【类型及分布】属于地方品种，中间型，该村有零星种植。

【主要特征特性】在南宁种植，生育期 113 天，全株叶 21.5 片，株高 312.0cm，穗位高 160.8cm，果穗长 17.1cm，果穗粗 5.0cm，穗行数 13.4 行，行粒数 29.8 粒，果穗柱形，籽粒深黄色，中间型，轴芯白色。人工接种鉴定该品种抗纹枯病和南方锈病，检测其籽粒蛋白质含量为 12.99%、脂肪含量为 4.26%、淀粉含量为 66.08%。

【利用价值】由农户自行留种、自产自销，主要用作饲料，也用于煮制玉米粥食用。该品种品质较优，但植株较高而抗倒性较差，用于品种选育时应改良植株性状。

种质名称：金平红玉米
采集编号：2016453387

31. 卡白黄玉米

【采集地】广西百色市隆林各族自治县岩茶乡卡白村。

【类型及分布】属于地方品种，中间型，该村有零星种植。

【主要特征特性】在南宁种植，生育期 112 天，全株叶 22.7 片，株高 303.0cm，穗位高 155.4cm，果穗长 16.9cm，果穗粗 4.8cm，穗行数 12.4 行，行粒数 32.6 粒，果穗柱形，籽粒黄色和白色，中间型，轴芯白色。田间记载该品种中抗南方锈病，检测其籽粒蛋白质含量为 12.57%、脂肪含量为 4.60%、淀粉含量为 67.23%。

【利用价值】由农户自行留种、自产自销，主要用作饲料，也用作口粮。该品种适应性较广、果穗长，但植株较高而抗倒性差，用于品种选育时应注意降低株高和穗位高。

种质名称：卡白黄玉米
采集编号：2016453398

32. 坡皿红玉米

【采集地】广西百色市西林县八达镇坡皿村。

【类型及分布】属于地方品种，中间型，该村有零星种植。

【主要特征特性】在南宁种植，生育期 113 天，全株叶 21.8 片，株高 293.5cm，穗位高 138.6cm，果穗长 17.0cm，果穗粗 4.8cm，穗行数 15.4 行，行粒数 33.2 粒，果穗柱形，籽粒红色，中间型，轴芯白色。人工接种鉴定该品种抗纹枯病、感南方锈病，检测其籽粒蛋白质含量为 12.13%、脂肪含量为 4.29%、淀粉含量为 68.49%。

【利用价值】由农户自行留种、自产自销，主要用作饲料，也用作口粮，可用于煮制玉米粥。该品种株高、穗位高适宜，抗倒性好，适应性较广，可作为普通玉米材料用于品种改良和利用。

种质名称：坡皿红玉米
采集编号：2016453461

33. 敏村白玉米

【采集地】广西百色市凌云县逻楼镇敏村村。

【类型及分布】属于地方品种，中间型，该村及周边有一定种植面积。

【主要特征特性】在南宁种植，生育期 104 天，全株叶 22.0 片，株型披散，株高 316.5cm，穗位高 184.8cm，果穗长 15.4cm，果穗粗 4.0cm，穗行数 13.2 行，行粒数 30.0 粒，出籽率 73.2%，千粒重 230.3g，果穗锥形，籽粒白色、杂有少量黄色，中间型，轴芯白色。田间记载该品种感纹枯病、中抗南方锈病，检测其籽粒蛋白质含量为 13.44%、脂肪含量为 3.84%、淀粉含量为 68.62%。

【利用价值】主要用作饲料，有时也食用。该品种果穗较长、结实性较好、品质较优、中抗南方锈病，可用于品种选育，但应注意改良株高和穗位高。

种质名称：敏村白玉米
采集编号：2016453537

34. 陶化苞谷

【采集地】广西百色市凌云县伶站乡陶化村。

【类型及分布】属于地方品种，中间型，该村及周边有少量种植。

【主要特征特性】在南宁种植，生育期 113 天，全株叶 22.0 片，株高 295.7cm，穗位高 159.8cm，果穗长 15.4cm，果穗粗 4.6cm，穗行数 14.8 行，行粒数 27.0 粒，出籽率 78.9%，千粒重 316.8g，果穗锥形，籽粒白色，中间型，轴芯白色。田间记载该品种中抗纹枯病和南方锈病，检测其籽粒蛋白质含量为 12.57%、脂肪含量为 4.20%、淀粉含量为 68.06%。

【利用价值】主要用作饲料，有时也食用。该品种根系发达、抗倒性好、综合抗性良好，可用于品种选育。

35. 九民红玉米

【采集地】广西百色市凌云县伶站乡九民村。

【类型及分布】属于地方品种，中间型，该村有少量种植。

【主要特征特性】在南宁种植，生育期 105 天，全株叶 21.4 片，株高 300.0cm，穗位高 151.0cm，果穗长 14.4cm，果穗粗 3.9cm，穗行数 13.6 行，行粒数 29.0 粒，果穗柱形，籽粒红色或白色，中间型，轴芯白色。人工接种鉴定该品种抗纹枯病、中抗南方锈病，检测其籽粒蛋白质含量为 12.77%、脂肪含量为 4.10%、淀粉含量为 69.30%。

【利用价值】由农户自行留种、自产自销，主要用作饲料，也用作粮食，用于煮制玉米粥。该品种抗病性较强，植株较高而易倒伏，品质较好，适应性较广，可作为普通玉米改良材料使用。

种质名称：九民红玉米
采集编号：2016453556

36. 介福白玉米

【采集地】广西百色市凌云县逻楼镇介福村。

【类型及分布】属于地方品种，中间型，该村及周边有少量种植。

【主要特征特性】在南宁种植，生育期 105 天，全株叶 23.0 片，株高 302.0cm，穗位高 162.4cm，果穗长 18.0cm，果穗粗 4.3cm，穗行数 14.8 行，行粒数 35.0 粒，出籽率 64.6%，千粒重 220.2g，果穗柱形，籽粒白色，中间型，轴芯白色。田间记载该品种高感纹枯病、抗南方锈病，检测其籽粒蛋白质含量为 12.99%、脂肪含量为 4.10%、淀粉含量为 67.28%。

【利用价值】主要用作饲料，有时也食用。该品种果穗较长、抗南方锈病，可用于品种选育，但应注意改良株高和穗位高。

种质名称：介福白玉米
采集编号：2016453586

37. 巴内白玉米

【采集地】广西百色市隆林各族自治县者保乡巴内村。

【类型及分布】属于地方品种，中间型，该村有零星种植。

【主要特征特性】在南宁种植，生育期 113 天，全株叶 22.6 片，株高 312.5cm，穗位高 151.2cm，果穗长 16.6cm，果穗粗 5.0cm，穗行数 13.6 行，行粒数 34.4 粒，果穗柱形，籽粒白色，中间型，轴芯白色。人工接种鉴定该品种中抗纹枯病、抗南方锈病，检测其籽粒蛋白质含量为 12.92%、脂肪含量为 4.11%、淀粉含量为 67.76%。

【利用价值】由农户自行留种、自产自销，主要用作饲料，也用于煮制玉米粥食用。该品种品质较优，但植株较高而抗倒性较差，用于品种选育时应注意改良株高、抗倒性。

种质名称：巴内白玉米
采集编号：2016453677

38. 建新本地玉米

【采集地】广西桂林市龙胜各族自治县江底乡建新村。

【类型及分布】属于地方品种，中间型，该村及周边零星种植。

【主要特征特性】在南宁种植，生育期 94 天，全株叶 20.0 片，株型披散，株高 267.1cm，穗位高 127.6cm，果穗长 12.6cm，果穗粗 4.4cm，穗行数 12.8 行，行粒数 22.0 粒，出籽率 74.2%，千粒重 222.9g，果穗锥形，籽粒白色、杂有少量黄色，中间型，轴芯白色。田间记载该品种抗纹枯病、感南方锈病，检测其籽粒蛋白质含量为 13.52%、脂肪含量为 3.94%、淀粉含量为 66.56%。

【利用价值】主要用作饲料，有时也食用。该品种比较早熟、结实性好、抗纹枯病，可用于品种选育。

种质名称：建新本地玉米
采集编号：2016453770

39. 龙胜彩糯

【采集地】广西桂林市龙胜各族自治县三门镇交其村。

【类型及分布】属于地方品种，中间型，该村及周边有少量种植，当地农民称为彩糯，鉴定后是普通玉米。

【主要特征特性】在南宁种植，生育期 103 天，全株叶 20.2 片，株高 235.7cm，穗位高 100.1cm，果穗长 16.8cm，果穗粗 4.4cm，穗行数 13.4 行，行粒数 33.8 粒，果穗柱形，籽粒花色，中间型，轴芯白色，秃尖长 0.4cm。人工接种鉴定该品种高感纹枯病、中抗南方锈病，检测其籽粒蛋白质含量为 12.64%、脂肪含量为 3.99%、淀粉含量为 69.66%。

【利用价值】由农户自行留种，主要用作饲料，少量食用或鲜食。该品种株高和穗位高较适宜、果穗较长，可用于品种选育，但应注意对纹枯病抗性的选择。

种质名称：龙胜彩糯
采集编号：2016453771

种质名称：龙胜彩糯
采集编号：2016453771

40. 仲新黄玉米

【采集地】广西百色市乐业县花坪镇岜木村。

【类型及分布】属于地方品种，中间型，该村及周边有零星种植。

【主要特征特性】在南宁种植，生育期 97 天，全株叶 21.8 片，株高 317.0cm，穗位高 157.4cm，果穗长 16.5cm，果穗粗 4.6cm，穗行数 14.6 行，行粒数 35.8 粒，果穗锥形，籽粒黄色或红色，中间型，轴芯白色，秃尖长 0.2cm。人工接种鉴定该品种中抗纹枯病和南方锈病，检测其籽粒蛋白质含量为 13.26%、脂肪含量为 4.51%、淀粉含量为 67.19%。

【利用价值】由农户自行留种，主要用作家禽饲料，有时也用作口粮。该品种具有较早熟、籽粒蛋白质含量较高等特性，可用于育种，但应降低株高和穗位高。

种质名称：仲新黄玉米
采集编号：2017453010

41. 岜木迪卡玉米

【采集地】广西百色市乐业县花坪镇岜木村。

【类型及分布】属于地方品种，中间型，该村及周边有零星种植。

【主要特征特性】在南宁种植，生育期 97 天，全株叶 20.4 片，株高 324.2cm，穗位高 170.2cm，果穗长 18.0cm，果穗粗 4.2cm，穗行数 16.2 行，行粒数 31.2 粒，果穗锥形，籽粒黄色或浅红色，中间型，轴芯白色或红色，秃尖长 0.8cm。人工接种鉴定该品种感纹枯病、中抗南方锈病，检测其籽粒蛋白质含量为 13.20%、脂肪含量为 4.42%、淀粉含量为 66.66%。

【利用价值】主要用作饲料，少量用作口粮。该品种籽粒蛋白质含量较高，具有早熟、优质、果穗长的特点，可用于品种选育，但应降低株高和穗位高。

种质名称：岜木迪卡玉米
采集编号：2017453011

42. 岜木墨白

【采集地】广西百色市乐业县花坪镇岜木村。

【类型及分布】属于地方品种，中间型，该村及周边有零星种植。

【主要特征特性】在南宁种植，生育期92天，全株叶24.0片，株高338.8cm，穗位高195.6cm，果穗长17.5cm，果穗粗4.6cm，穗行数14.8行，行粒数35.2粒，果穗锥形，籽粒黄色或浅红色，中间型，轴芯白色，秃尖长0.8cm。人工接种鉴定该品种抗南方锈病，检测其籽粒蛋白质含量为13.04%、脂肪含量为4.63%、淀粉含量为65.87%。

【利用价值】由农户自行留种，主要用于饲养家禽，有时也用作口粮。该品种早熟性好、果穗长，可用于品种选育，但应改良其对纹枯病的抗性、降低株高和穗位高。

种质名称：岜木墨白
采集编号：2017453012

43. 脚古冲白玉米

【采集地】广西桂林市资源县车田乡脚古冲村。

【类型及分布】属于地方品种，中间型，该村及周边有零星种植。

【主要特征特性】在南宁种植，生育期90天，全株叶21.0片，株型披散，株高327.0cm，穗位高163.6cm，果穗长14.8cm，果穗粗4.4cm，穗行数11.4行，行粒数32.0粒，出籽率83.1%，千粒重210.2g，果穗锥形，籽粒白色，中间型，轴芯白色。经检测，该品种籽粒蛋白质含量为13.04%、脂肪含量为3.98%、淀粉含量为68.18%。

【利用价值】主要用作饲料，偶尔也食用。该品种生育期较短，可用于品种改良，但应注意对抗病性的选择、降低株高和穗位高、提高产量。

种质名称：脚古冲白玉米
采集编号：2017453061

44. 大湾白玉米

【采集地】广西柳州市融水苗族自治县白云乡大湾村。

【类型及分布】属于地方品种，中间型，该村及周边有零星种植。

【主要特征特性】在南宁种植，生育期 97 天，全株叶 24.2 片，株高 336.6cm，穗位高 199.8cm，果穗长 17.1cm，果穗粗 3.9cm，穗行数 10.2 行，行粒数 28.4 粒，果穗锥形，籽粒白色和黄色，中间型，轴芯白色。经检测，该品种籽粒蛋白质含量为 13.83%、脂肪含量为 4.47%、淀粉含量为 65.37%。

【利用价值】由农户自行留种、自产自销，主要用作饲料，也可用于煮制玉米粥食用。该品种植株高大，果穗细长、行疏，可作为种质资源保存和利用。

种质名称：大湾白玉米
采集编号：2017453062

45.三帮白马牙

【采集地】广西百色市田林县百乐乡三帮村。

【类型及分布】属于地方品种，中间型，该村及周边有零星种植。

【主要特征特性】在南宁种植，生育期97天，全株叶24.0片，株高325.8cm，穗位高169.8cm，果穗长17.4cm，果穗粗4.6cm，穗行数12.6行，行粒数31.0粒，出籽率77.2%，千粒重254.6g，果穗锥形，籽粒黄色和白色，中间型，轴芯白色。经检测，该品种籽粒蛋白质含量为14.42%、脂肪含量为4.69%、淀粉含量为64.68%。

【利用价值】主要用作饲料，有时也食用。该品种生育期较适宜，但植株和穗位太高，可用于品种选育，但应注意改良产量性状、增强抗病性、提高出籽率。

种质名称：三帮白马牙
采集编号：2017453066

46. 立寨坪白玉米

【采集地】广西桂林市资源县河口瑶族乡立寨坪村。

【类型及分布】属于地方品种，中间型，该村有零星种植。

【主要特征特性】在南宁种植，生育期 90 天，全株叶 19.4 片，株高 285.2cm，穗位高 169.0cm，果穗长 13.9cm，果穗粗 3.8cm，穗行数 10.8 行，行粒数 29.8 粒，果穗柱形，籽粒白色，中间型，轴芯白色。经检测，该品种籽粒蛋白质含量为 12.61%、脂肪含量为 4.24%、淀粉含量为 66.31%。

【利用价值】由农户自行留种、自产自销，主要用作饲料，也可用于煮制玉米粥食用。该品种株高适宜、较早熟、适应性较广，可作为育种材料进行品种改良和利用。

种质名称：立寨坪白玉米
采集编号：2017453073

47. 立寨坪红玉米

【采集地】广西桂林市资源县河口瑶族乡立寨坪村。

【类型及分布】属于地方品种，中间型，该村及周边有零星种植。

【主要特征特性】在南宁种植，生育期 84 天，全株叶 18.0 片，株型披散，株高 243.8cm，穗位高 110.2cm，果穗长 16.4cm，果穗粗 4.0cm，穗行数 11.8 行，行粒数 30.0 粒，出籽率 81.3%，千粒重 269.7g，果穗锥形，籽粒红色，中间型，轴芯白色。经检测，该品种籽粒蛋白质含量为 12.72%、脂肪含量为 3.79%、淀粉含量为 64.79%。

【利用价值】主要用作饲料。该品种生育期较短，叶片稀少，可用于品种改良，但应注意对抗病性的选择、提高产量。

种质名称：立寨坪红玉米
采集编号：2017453075

48. 万年楚白单

【采集地】广西桂林市资源县河口瑶族乡立寨坪村。

【类型及分布】属于地方品种，中间型，该村及周边有零星种植。

【主要特征特性】在南宁种植，生育期92天，全株叶20.0片，株高263.8cm，穗位高128.0cm，果穗长14.1cm，果穗粗4.0cm，穗行数12.4行，行粒数23.0粒，出籽率70.6%，千粒重252.8g，果穗柱形，籽粒白色、杂有黄色，中间型，轴芯白色。经检测，该品种籽粒蛋白质含量为12.48%、脂肪含量为4.15%、淀粉含量为67.55%。

种质名称：万年楚白单
采集编号：2017453078

【利用价值】主要用作饲料，有时也食用。该品种较早熟，但植株和果穗性状较差、产量低，可作为种质资源进行保存。

49. 林兰白马牙

【**采集地**】广西河池市凤山县凤城镇林兰村。

【**类型及分布**】属于地方品种，中间型，该村及周边有少量种植。

【**主要特征特性**】在南宁秋季种植，生育期 99 天，株高 250.2cm，穗位高 127.4cm，果穗长 12.4cm，果穗粗 4.0cm，穗行数 13.8 行，行粒数 26.8 粒，出籽率 82.9%，千粒重 252.0g，果穗柱形，籽粒白色、杂有黄色，中间型，轴芯白色。经检测，该品种籽粒蛋白质含量为 12.18%、脂肪含量为 5.06%、淀粉含量为 69.03%。

【**利用价值**】由农户自行留种，主要用作畜禽饲料，少量用于煮制玉米粥食用。该品种籽粒脂肪和淀粉含量较高、品质较好，可用于品种选育，但应注意改良植株性状。

种质名称：林兰白马牙
采集编号：2018453001

50. 林兰墨白

【采集地】广西河池市凤山县凤城镇林兰村。

【类型及分布】属于地方品种，中间型，该村及周边有少量种植。

【主要特征特性】在南宁秋季种植，生育期 103 天，株高 283.5cm，穗位高 145.7cm，果穗长 13.2cm，果穗粗 3.9cm，穗行数 11.4 行，行粒数 24.8 粒，出籽率 80.3%，千粒重 275.5g，果穗柱形，籽粒白色、杂有少量黄色，中间型，轴芯白色。经检测，该品种籽粒蛋白质含量为 12.53%、脂肪含量为 4.91%、淀粉含量为 68.52%。

【利用价值】由农户自行留种，主要用作畜禽饲料，少量用于煮制玉米粥食用。该品种籽粒较大、适应性较广、产量较高，可用于品种选育，但应降低株高和穗位高。

种质名称：林兰墨白
采集编号：2018453002

51. 谭增福综合种

【采集地】广西河池市东兰县花香乡干来村。

【类型及分布】属于综合种，中间型，由该村农民谭增福组配选育的综合型品种，该村周边有少量种植。

【主要特征特性】在南宁种植，生育期104天，全株叶19.9片，株高222.0cm，穗位高85.5cm，果穗长15.4cm，果穗粗4.5cm，穗行数14.6行，行粒数31.7粒，果穗锥形，籽粒黄色、杂有白色，中间型，轴芯白色，秃尖长1.3cm。

【利用价值】主要用于饲养家禽。该品种株高和穗位高适宜，属于农民综合筛选的早代材料，优良特性较多，可用于品种选育。

种质名称：谭增福综合种
采集编号：2018453023

种质名称：谭增福综合种
采集编号：2018453023

52. 巴纳本地白

【采集地】广西河池市巴马瑶族自治县西山乡巴纳村。

【类型及分布】属于地方品种，中间型，该村及周边有一定种植面积。

【主要特征特性】在南宁种植，生育期 104 天，全株叶 22.0 片，株高 262.5cm，穗位高 121.3cm，果穗长 14.9cm，果穗粗 4.3cm，穗行数 12.4 行，行粒数 29.0 粒，出籽率 82.3%，千粒重 270.5g，果穗锥形，籽粒白色，中间型，轴芯白色。经检测，该品种籽粒蛋白质含量为 11.27%、脂肪含量为 5.03%、淀粉含量为 70.22%。

【利用价值】主要用作饲料，也可用作口粮。该品种具有抗病性较好、品质较好、籽粒脂肪和淀粉含量高等特性，可用于品种选育。

种质名称：巴纳本地白　采集编号：2018453034

种质名称：巴纳本地白　采集编号：2018453034

53. 新立墨白

【采集地】广西百色市隆林各族自治县蛇场乡新立村。

【类型及分布】属于地方品种，中间型，该村及周边有少量种植。

【主要特征特性】在南宁种植，生育期107天，全株叶23.0片，株高287.5cm，穗位高155.0cm，果穗长14.6cm，果穗粗4.0cm，穗行数13.6行，行粒数30.0粒，出籽率70.1%，千粒重161.0g，果穗锥形，籽粒白色，中间型，轴芯白色。

【利用价值】主要用作饲料，有时也食用。农户在其长期种植过程中已混入糯玉米种质，可用于糯玉米和普通玉米的品种选育。

种质名称：新立墨白
采集编号：2018453042

54. 古抗白马牙

【采集地】广西来宾市忻城县果遂镇古抗村。

【类型及分布】属于地方品种，中间型，该村及周边有零星种植。

【主要特征特性】在南宁种植，生育期 104 天，全株叶 20.5 片，株高 241.5cm，穗位高 92.3cm，果穗长 12.8cm，果穗粗 4.0cm，穗行数 13.2 行，行粒数 26.8 粒，果穗锥形，籽粒白色，中间型，轴芯白色。经检测，该品种籽粒蛋白质含量为 11.73%、脂肪含量为 4.30%、淀粉含量为 69.86%。

【利用价值】由农户自行留种、自产自销，主要用作饲料，也可用于煮制玉米粥食用。该品种籽粒淀粉含量较高、株高适宜、穗位较低、适应性较广，可用作普通玉米改良材料。

种质名称：古抗白马牙
采集编号：YM2018YM006

55. 同乐本地白

【采集地】广西来宾市忻城县果遂镇同乐村。

【类型及分布】属于地方品种、中间型，该村及周边有零星种植。

【主要特征特性】在南宁种植，生育期 109 天，全株叶 21.3 片，株高 245.1cm，穗位高 109.6cm，果穗长 12.5cm，果穗粗 4.2cm，穗行数 14.6 行，行粒数 27.8 粒，出籽率 80.6%，千粒重 183.5g，果穗锥形，籽粒白色，中间型，轴芯白色。经检测，该品种籽粒蛋白质含量为 11.46%、脂肪含量为 5.01%、淀粉含量为 69.60%。

【利用价值】由农户自行留种、自产自销，主要用作饲料，也用作口粮。该品种籽粒脂肪和淀粉含量较高、品质较优、植株较矮、穗位较低、适应性较广、抗病性较强，可用作普通玉米改良材料。

种质名称：同乐本地白
采集编号：YM2018YM007

56. 木山白马牙

【采集地】广西南宁市上林县木山乡木山村。

【类型及分布】属于地方品种，中间型，该村及周边有零星种植。

【主要特征特性】在南宁种植，生育期 109 天，全株叶 20.6 片，株高 183.9cm，穗位高 65.1cm，果穗长 11.6cm，果穗粗 3.6cm，穗行数 11.8 行，行粒数 24.9 粒，出籽率 75.9%，千粒重 185.5g，果穗锥形，籽粒白色，中间型，轴芯白色。经检测，该品种籽粒蛋白质含量为 10.91%、脂肪含量为 5.40%、淀粉含量为 70.68%。

【利用价值】主要用作饲料，也用于煮制玉米粥食用。该品种籽粒脂肪和淀粉含量高，植株较矮，穗位低，抗倒性、耐旱性、适应性都较好，可用于品种选育，但应注意改良果穗性状、提高产量。

种质名称：木山白马牙
采集编号：YM2018YM011

57. 龙那红玉米

【采集地】广西南宁市马山县里当乡龙那村。

【类型及分布】属于地方品种，中间型，该村及周边有零星种植。

【主要特征特性】在南宁秋季种植，生育期 104 天，株高 211.8cm，穗位高 90.2cm，果穗长 14.9cm，果穗粗 4.1cm，穗行数 13.4 行，行粒数 29.3 粒，出籽率 81.9%，千粒重 205.5g，果穗柱形，籽粒红色、杂有少量橘黄色，中间型，轴芯白色。经检测，该品种籽粒蛋白质含量为 10.58%、脂肪含量为 4.75%、淀粉含量为 69.59%。

【利用价值】由农户自行留种、自产自销，主要用作饲料，有时也食用。该品种籽粒脂肪和淀粉含量较高、株高和穗位高适宜、抗倒性较好，用于品种选育时应注意对抗病性的选择、改良产量性状。

种质名称：龙那红玉米
采集编号：YM2018YM027

58. 壮文种

【采集地】广西南宁市马山县里当乡龙那村。

【类型及分布】属于地方品种，中间型，该村及周边有少量种植。

【主要特征特性】在南宁秋季种植，生育期105天，株高226.8cm，穗位高92.3cm，果穗长13.5cm，果穗粗4.2cm，穗行数14.0行，行粒数28.5粒，出籽率83.1%，千粒重221.5g，果穗柱形，籽粒白色，中间型，轴芯白色。经检测，该品种籽粒蛋白质含量为11.38%、脂肪含量为4.56%、淀粉含量为69.63%。

【利用价值】由农户自行留种、自产自销，主要用作饲料，少量用于煮制玉米粥食用。该品种植株较矮，穗位较低，抗倒性较好，结实性好，出籽率较高，用于品种选育时应注意对抗病性的选择、提高产量潜力。

种质名称：壮文种
采集编号：YM2018YM028

59. 大旺迟熟玉米

【采集地】广西南宁市马山县永州镇大旺村。

【类型及分布】属于地方品种，中间型，该村及周边有零星种植。

【主要特征特性】在南宁秋季种植，生育期108天，株高242.8cm，穗位高110.3cm，果穗长15.3cm，果穗粗4.4cm，穗行数13.8行，行粒数32.0粒，出籽率80.3%，千粒重230.5g，果穗柱形，籽粒黄色，中间型，轴芯白色。经检测，该品种籽粒蛋白质含量为11.12%、脂肪含量为4.57%、淀粉含量为69.34%。

【利用价值】由农户自行留种、自产自销，主要用作饲料。该品种株高和穗位高适宜、籽粒较大，用于品种选育时应注意对抗病性的选择、改良产量性状。

种质名称：大旺迟熟玉米
采集编号：YM2018YM032

第三章
广西糯玉米种质资源

第一节 白粒糯玉米农家品种

1. 岑山白糯

【采集地】广西南宁市隆安县。

【类型及分布】属于地方品种，糯质型，该县一些村屯有零星种植。

【主要特征特性】在南宁种植，生育期 113 天，全株叶 22.0 片，株高 292.4cm，穗位高 163.0cm，果穗长 14.7cm，果穗粗 3.8cm，穗行数 14.0 行，行粒数 34.0 粒，果穗柱形，籽粒白色，糯质型，轴芯白色，秃尖长 0.1cm。人工接种鉴定该品种抗纹枯病、中抗南方锈病，检测其籽粒蛋白质含量为 11.70%、脂肪含量为 5.19%、淀粉含量为 67.51%。

【利用价值】由农户自行留种，以鲜食为主，也用于制作糍粑食用，口感较好。该品种抗病性较强、籽粒脂肪含量高，可用于品种选育，但应降低株高和穗位高。

2. 北屏糯玉米

【采集地】广西南宁市马山县。

【类型及分布】属于地方品种，糯质型，该县一些村屯有零星种植。

【主要特征特性】在南宁种植，生育期 84 天，全株叶 19.2 片，株高 262.6cm，穗位高 126.2cm，果穗长 13.8cm，果穗粗 4.2cm，穗行数 13.6 行，行粒数 29.6 粒，果穗锥形，籽粒白色，糯质型，轴芯白色。经检测，该品种籽粒蛋白质含量为 12.38%、脂肪含量为 4.17%、淀粉含量为 68.14%。

【利用价值】由农户自行留种、自产自销，主要鲜食，也可制作糍粑或煮制玉米粥食用。该品种早熟、株高和穗位高适宜，可用于糯玉米品种改良，但应注意对抗病性的选择。

种质名称：北屏糯玉米
采集编号：P450124048

3. 大丰白糯

【采集地】广西南宁市上林县。

【类型及分布】属于地方品种，糯质型，该县个别村屯有零星种植。

【主要特征特性】在南宁种植，生育期105天，全株叶18.2片，株高257.2cm，穗位高133.2cm，果穗长16.4cm，果穗粗4.1cm，穗行数14.4行，行粒数37.2粒，出籽率86.5%，千粒重270.0g，果穗柱形，籽粒白色，糯质型，轴芯白色。人工接种鉴定该品种感纹枯病和南方锈病，检测其籽粒蛋白质含量为13.79%、脂肪含量为4.62%、淀粉含量为65.66%。

【利用价值】以鲜食为主，也用于制作糍粑食用，口感较好。该品种籽粒蛋白质含量较高、糯性优、丰产性较好，可用于选育新品种，但应注意穗位偏高而易倒伏。

4. 西燕白糯

【采集地】广西南宁市上林县。

【类型及分布】属于地方品种，糯质型，该县个别村屯有零星种植。

【主要特征特性】在南宁种植，生育期107天，全株叶19.2片，株高234.4cm，穗位高117.2cm，果穗长14.7cm，果穗粗4.3cm，穗行数18.6行，行粒数32.2粒，出籽率81.5%，千粒重201g，果穗柱形，籽粒白色，轴芯白色。人工接种鉴定该品种中抗纹枯病和南方锈病，检测其籽粒蛋白质含量为12.32%、脂肪含量为4.77%、淀粉含量为68.44%。

【利用价值】主要鲜食，口感好，也用于制作糍粑或煮制玉米粥食用。该品种抗病性较强、果穗满顶匀称，是选育优质鲜食糯玉米品种的优异种质资源，但穗位偏高、生育期较长。

5. 尧治本地糯

【采集地】广西柳州市柳江区。

【类型及分布】属于地方品种，糯质型，该县个别村屯有零星种植。

【主要特征特性】在南宁种植，生育期 94 天，全株叶 19.6 片，株高 277.1cm，穗位高 138.6cm，果穗长 16.2cm，果穗粗 4.6cm，穗行数 12.0 行，行粒数 31.0 粒，果穗柱形，籽粒白色，糯质型，轴芯白色，秃尖长 1.0cm。人工接种鉴定该品种中抗纹枯病、高感南方锈病，检测其籽粒蛋白质含量为 12.82%、脂肪含量为 3.91%、淀粉含量为 69.34%。

【利用价值】以鲜食为主，也用于制作糍粑食用。该品种较早熟、品质较好，用于品种选育时应注意对南方锈病抗性的选择、降低株高和穗位高。

种质名称：尧治本地糯
采集编号：P450221021

6. 同心糯玉米

【采集地】广西柳州市融水苗族自治县。

【类型及分布】属于地方品种，糯质型，该县个别村屯有少量种植。

【主要特征特性】在南宁种植，生育期 94 天，全株叶 20.0 片，株型披散，株高 286.2cm，穗位高 127.0cm，果穗长 14.5cm，果穗粗 4.3cm，穗行数 14.4 行，行粒数 30.0 粒，出籽率 82.8%，千粒重 253.2g，果穗柱形，籽粒白色，糯质型，轴芯白色。田间鉴定该品种感纹枯病和南方锈病，检测其籽粒蛋白质含量为 12.64%、脂肪含量为 4.03%、淀粉含量为 69.85%。

【利用价值】以鲜食为主，也用于制作糍粑食用，黏性和风味较好。该品种具有较早熟、籽粒淀粉含量较高、品质较好等特性，但植株和穗位偏高，用于品种选育时应注意降低株高和穗位高，并改良和提高抗病性。

7. 良双糯晚玉米

【采集地】广西柳州市融水苗族自治县。

【类型及分布】属于地方品种，糯质型，该县一些村屯有少量种植。

【主要特征特性】在南宁种植，生育期 94 天，全株叶 19.0 片，株高 242.0cm，穗位高 109.1cm，果穗长 15.6cm，果穗粗 3.2cm，穗行数 10.4 行，行粒数 30.4 粒，果穗锥形，籽粒白色，糯质型，轴芯白色，秃尖长 0.7cm。人工接种鉴定该品种中抗纹枯病、感南方锈病，检测其籽粒蛋白质含量为 12.23%、脂肪含量为 4.59%、淀粉含量为 64.25%。

【利用价值】由农户自行留种，以鲜食为主，也用于制作糍粑食用，品质优良，口感好。该品种株高和穗位高适宜、果穗较长，可用于品种选育，但应改良其对南方锈病的抗性、降低空秆率。

8. 长洲本地糯

【采集地】广西桂林市兴安县。

【类型及分布】属于地方品种，糯质型，该县一些村屯有少量种植。

【主要特征特性】在南宁种植，生育期105天，全株叶20.0片，株型披散，株高273.3cm，穗位高134.1cm，果穗长17.4cm，果穗粗4.0cm，穗行数12.8行，行粒数40.0粒，出籽率78.9%，千粒重215.0g，果穗柱形，籽粒白色，糯质型，轴芯白色。人工接种鉴定该品种中抗纹枯病和南方锈病，检测其籽粒蛋白质含量为13.05%、脂肪含量为4.64%、淀粉含量为67.09%。

【利用价值】以鲜食为主，也用于制作糍粑食用，品质较好。该品种在当地具有优质、抗病、抗虫、抗旱、耐贫瘠等特性，籽粒蛋白质含量较高，对病虫害有一定的抗性，用于品种选育时应注意降低株高和穗位高。

9. 小河江白糯

【采集地】广西桂林市灌阳县。

【类型及分布】属于地方品种，糯质型，该县个别村屯有零星种植。

【主要特征特性】在南宁种植，生育期98天，全株叶22.0片，株高280.2cm，穗位高137.7cm，果穗长13.0cm，果穗粗3.4cm，穗行数11.6行，行粒数25.0粒，出籽率71.0%，千粒重164.3g，果穗柱形，籽粒白色、杂有黄色，糯质型，轴芯白色。田间记载该品种中抗纹枯病，检测其籽粒蛋白质含量为13.73%、脂肪含量为4.01%、淀粉含量为67.43%。

【利用价值】主要由农户自行留种，以鲜食为主，也用作饲料。该品种植株和穗位偏高，植株和果穗性状较差，可作为种质资源进行保存。

种质名称：小河江白糯
采集编号：P450327016

种质名称：小河江白糯
采集编号：P450327016

10. 梅林白糯

【采集地】广西百色市田东县。

【类型及分布】属于地方品种，糯质型，该县个别村屯有零星种植。

【主要特征特性】在南宁种植，生育期97天，全株叶21.0片，株型披散，株高294.5cm，穗位高157.7cm，果穗长14.4cm，果穗粗3.4cm，穗行数11.6行，行粒数26.0粒，出籽率79.1%，千粒重187.5g，果穗柱形，籽粒白色，糯质型，轴芯白色。人工接种鉴定该品种抗纹枯病和南方锈病，检测其籽粒蛋白质含量为13.54%、脂肪含量为4.77%、淀粉含量为67.25%。

【利用价值】以鲜食为主，也用于制作糍粑食用，品质较好。该品种在当地具有优质、抗旱、耐贫瘠等特性，籽粒蛋白质含量较高，品质较好，抗病性较强，但植株高大、穗位太高而易倒伏，用于品种选育时应注意降低株高和穗位高、改良果穗性状。

P451022018

11. 龙南糯玉米

【采集地】广西百色市乐业县。

【类型及分布】属于地方品种，糯质型，该县个别村屯有零星种植。

【主要特征特性】在南宁种植，生育期98天，全株叶21.0片，株型披散，株高248.3cm，穗位高133.2cm，果穗长14.3cm，果穗粗3.9cm，穗行数11.8行，行粒数28.0粒，出籽率71.6%，千粒重204.1g，果穗柱形，籽粒白色，糯质型，轴芯白色或红色。经检测，该品种籽粒蛋白质含量为13.47%、脂肪含量为4.13%、淀粉含量为66.77%。

【利用价值】主要食用或用作饲料。该品种果穗较长，可用于品种改良，但应注意对抗病性的选择、提高出籽率和产量。

种质名称：龙南糯玉米
采集编号：P451028008

12. 民权四月糯

【采集地】广西河池市环江毛南族自治县。

【类型及分布】属于地方品种，糯质型，该县个别村屯有零星种植。

【主要特征特性】在南宁种植，生育期 84 天，全株叶 21.2 片，株高 281.8cm，穗位高 141.6cm，果穗长 14.8cm，果穗粗 3.7cm，穗行数 11.4 行，行粒数 29.2 粒，果穗柱形，籽粒白色，糯质型，轴芯白色。经检测，该品种籽粒蛋白质含量为 12.90%、脂肪含量为 3.89%、淀粉含量为 68.37%。

【利用价值】由农户自行留种、自产自销，主要鲜食，也用于煮制玉米粥、制作糍粑等食用。该品种品质较好、食味佳、较早熟，可用于糯玉米品种改良。

种质名称：民权四月糯

采集编号：P451226021

13. 加而糯玉米

【采集地】广西河池市巴马瑶族自治县。

【类型及分布】属于地方品种，糯质型，该县一些村屯有少量种植。

【主要特征特性】在南宁种植，生育期 98 天，全株叶 21.8 片，株高 298.2cm，穗位高 146.6cm，果穗长 14.6cm，果穗粗 3.8cm，穗行数 9.6 行，行粒数 24.4 粒，果穗锥形，籽粒白色，糯质型，轴芯白色，秃尖长 0.9cm。人工接种鉴定该品种中抗纹枯病、感南方锈病，检测其籽粒蛋白质含量为 12.83%、脂肪含量为 4.35%、淀粉含量为 68.09%。

【利用价值】由农户自行留种，以鲜食为主，也用于制作糍粑食用，品质优良，口感好。该品种可用于品种选育，但应改良其对南方锈病的抗性、降低株高和穗位高。

14. 花候白糯

【采集地】广西来宾市象州县。

【类型及分布】属于地方品种，糯质型，该县个别村屯有零星种植。

【主要特征特性】在南宁种植，生育期 94 天，全株叶 18.4 片，株高 238cm，穗位高 103.6cm，果穗长 12.9cm，果穗粗 4.3cm，穗行数 15.8 行，行粒数 27.6 粒，出籽率 75.1%，千粒重 273.4g，果穗柱形，籽粒白色，糯质型，轴芯白色。田间记载该品种高感纹枯病、感南方锈病，检测其籽粒蛋白质含量为 12.62%、脂肪含量为 4.55%、淀粉含量为 66.85%。

【利用价值】主要用于煮制玉米粥、制作糍粑食用，口感较好。该品种具有早熟、品质优、糯性好、籽粒均匀且色泽纯白靓丽、结实性好等特性，株高和穗位高适宜，用于育种时应注意对抗病性的选择。

15. 琼伍糯玉米

【采集地】广西来宾市金秀瑶族自治县。

【类型及分布】属于地方品种，糯质型，该县个别村屯有零星种植。

【主要特征特性】在南宁种植，生育期 92 天，全株叶 18.0 片，株高 256.0cm，穗位高 107.8cm，果穗长 15.8cm，果穗粗 4.2cm，穗行数 13.4 行，行粒数 29.0 粒，出籽率 86.5%，千粒重 291.0g，果穗锥形，籽粒白色，糯质型，轴芯白色。田间记载该品种高感纹枯病、感南方锈病，检测其籽粒蛋白质含量为 11.57%、脂肪含量为 4.33%、淀粉含量为 71.28%。

【利用价值】由农户自行留种，以鲜食为主，也用于制作糍粑食用。该品种较早熟、出籽率高、株高和穗位高较适宜、品质较好，可用于品种选育，但应注意提高抗病性、抗倒性。

种质名称：琼伍糯玉米
采集编号：P451324018

种质名称：琼伍糯玉米
采集编号：P451324018

16. 瀑泉白糯

【采集地】广西来宾市合山市。

【类型及分布】属于地方品种，糯质型，该市一些村屯有少量种植。

【主要特征特性】在南宁种植，生育期111天，全株叶19.0片，株高225.6cm，穗位高133.2cm，果穗长15.2cm，果穗粗5.0cm，穗行数14.6行，行粒数31.0粒，出籽率82.0%，千粒重284.0g，果穗柱形，籽粒白色、杂有少量紫色，糯质型，轴芯白色。田间记载该品种高感纹枯病、感南方锈病，检测其籽粒蛋白质含量为12.62%、脂肪含量为3.95%、淀粉含量为69.88%。

【利用价值】由农户自行留种，主要用于煮制玉米粥食用，也可鲜食。该品种果穗性状较好，但穗位偏高，可用于品种选育，但应注意提高抗病性。

种质名称：瀑泉白糯
采集编号：P451381010

种质名称：瀑泉白糯
采集编号：P451381010

种质名称：瀑泉白糯
采集编号：P451381010

17. 溯河白糯

【采集地】广西来宾市合山市。

【类型及分布】属于地方品种，糯质型，该市个别村屯有少量种植。

【主要特征特性】在南宁种植，生育期 98 天，全株叶 21.0 片，株高 224.6cm，穗位高 120.2cm，果穗长 16.8cm，果穗粗 4.4cm，穗行数 15.2 行，行粒数 35.0 粒，出籽率 81.2%，千粒重 290.0g，果穗柱形，籽粒白色，糯质型，轴芯白色。田间记载该品种感纹枯病和南方锈病，检测其籽粒蛋白质含量为 13.20%、脂肪含量为 4.20%、淀粉含量为 68.44%。

【利用价值】由农户自行留种，主要用于煮制玉米粥食用，也可鲜食。该品种果穗较长、株高较适宜，但穗位偏高，可用于品种选育，但应注意提高抗病性。

18. 里仰白糯

【采集地】广西来宾市合山市。

【类型及分布】属于地方品种，糯质型，该市个别村屯有少量种植。

【主要特征特性】在南宁种植，生育期 98 天，全株叶 20.0 片，株高 272.0cm，穗位高 137.8cm，果穗长 14.8cm，果穗粗 4.4cm，穗行数 13.6 行，行粒数 34.0 粒，出籽率 78.9%，千粒重 282.0g，果穗柱形，籽粒白色，糯质型，轴芯白色。田间记载该品种感纹枯病、高感南方锈病，检测其籽粒蛋白质含量为 13.15%、脂肪含量为 4.23%、淀粉含量为 68.00%。

【利用价值】由农户自行留种，主要用于煮制玉米粥、制作糍粑食用，也可鲜食。该品种产量较高、品质较好，可直接用于生产，也可用于品种选育，但植株和穗位偏高，应注意提高抗病性和抗倒性、改良植株性状。

种质名称：里仰白糯
采集编号：P451381018

种质名称：里仰白糯
采集编号：P451381018

19. 三联糯玉米

【采集地】广西崇左市龙州县。

【类型及分布】属于地方品种，糯质型，该县个别村屯有零星种植。

【主要特征特性】在南宁种植，生育期 103 天，全株叶 17.9 片，株高 189.6cm，穗位高 78.3cm，果穗长 13.5cm，果穗粗 4.2cm，穗行数 17.4 行，行粒数 31.0 粒，果穗柱形，籽粒白色，糯质型，轴芯白色，秃尖长 0.4cm。人工接种鉴定该品种高感纹枯病、中抗南方锈病，检测其籽粒蛋白质含量为 11.01%、脂肪含量为 4.18%、淀粉含量为 71.79%。

【利用价值】以鲜食为主，也用于制作糍粑食用。该品种籽粒淀粉含量高、较早熟、植株较矮、穗位偏低，是比较优异的糯玉米种质资源，用于品种选育时应注意对抗病性的选择。

种质名称：三联糯玉米
采集编号：P451423007

种质名称：三联糯玉米
采集编号：P451423007

20.奉备糯玉米

【采集地】广西崇左市大新县。

【类型及分布】属于地方品种，糯质型，该县个别村屯有零星种植。

【主要特征特性】在南宁种植，生育期84天，全株叶20.2片，株高256.4cm，穗位高139.8cm，果穗长14.9cm，果穗粗3.6cm，穗行数12.4行，行粒数27.8粒，果穗锥形，籽粒白色，糯质型，轴芯白色。经检测，该品种籽粒蛋白质含量为13.97%、脂肪含量为3.74%、淀粉含量为67.27%。

【利用价值】由农户自行留种、自产自销，主要鲜食，也可用于煮制玉米粥、制作糍粑等食用。该品种具有籽粒蛋白质含量高、品质好、食味佳、较早熟、果穗均匀、产量较高等特性，可用于糯玉米品种改良，但应注意对抗病性的选择。

种质名称：奉备糯玉米
采集编号：P451424009

21. 花红白糯

【采集地】广西来宾市忻城县。

【类型及分布】属于地方品种，糯质型，该县个别村屯有零星种植。

【主要特征特性】在南宁种植，生育期 103 天，全株叶 18.4 片，株高 247.0cm，穗位高 108.0cm，果穗长 14.6cm，果穗粗 4.4cm，穗行数 17.6 行，行粒数 32.4 粒，出籽率 84.6%，千粒重 243.0g，果穗柱形，籽粒白色，糯质型，轴芯白色。经检测，该品种籽粒蛋白质含量为 13.16%、脂肪含量为 4.81%、淀粉含量为 66.88%。

【利用价值】主要鲜食，或者用于煮制玉米粥、制作糍粑食用。该品种具有品质较好、糯性佳、鲜食口感较好、穗位高适宜、结实性好、籽粒均匀等特性，是选育优质鲜食糯玉米品种的优良材料，但应注意对抗病性的选择。

22. 古麦白糯

【采集地】广西来宾市忻城县。

【类型及分布】属于地方品种，糯质型，该县个别村屯有零星种植。

【主要特征特性】在南宁种植，生育期99天，全株叶19.8片，株高311.0cm，穗位高135.4cm，果穗长14.1cm，果穗粗3.9cm，穗行14.4行，行粒数26.7粒，出籽率78.3%，千粒重244.1g，果穗柱形，籽粒白色，糯质型，轴芯白色。人工接种鉴定该品种感纹枯病和南方锈病，检测其籽粒蛋白质含量为13.65%、脂肪含量为4.78%、淀粉含量为65.60%。

【利用价值】主要鲜食，口感较好，也可用于煮制玉米粥食用。该品种可用于选育糯玉米品种，但应注意对穗位高和抗病性的选择。

23. 杨家糯

【采集地】广西河池市宜州区。

【类型及分布】属于地方品种，糯质型，该区一些村屯有少量种植。

【主要特征特性】在南宁种植，生育期 94 天，全株叶 15.0 片，株高 203.0cm，穗位高 76.0cm，果穗长 12.0cm，果穗粗 4.2cm，穗行数 13.2 行，行粒数 27.0 粒，出籽率 80.2%，千粒重 242.0g，果穗锥形，籽粒白色、杂有紫色，糯质型，轴芯白色。经检测，该品种籽粒蛋白质含量为 12.04%、脂肪含量为 3.89%、淀粉含量为 71.23%。

【利用价值】主要由农户自行留种，以鲜食为主，也用于制作糍粑、煮制玉米粥食用。该品种早熟性较好、植株较矮、穗位较低、品质较好，可用于品种选育，但应注意提高抗病性、改良果穗性状、增加穗长。

24. 维新珍珠糯

【采集地】广西河池市罗城仫佬族自治县。

【类型及分布】属于地方品种，糯质型，该县一些村屯有少量种植。

【主要特征特性】在南宁种植，生育期 94 天，全株叶 20.3 片，株高 264.5cm，穗位高 118.8cm，果穗长 16.2cm，果穗粗 4.6cm，穗行数 13.6 行，行粒数 33.6 粒，果穗柱形，籽粒白色，糯质型，轴芯白色，秃尖长 0.4cm。人工接种鉴定该品种感南方锈病，检测其籽粒蛋白质含量为 12.86%、脂肪含量为 4.24%、淀粉含量为 69.10%。

【利用价值】以鲜食为主，也用于制作糍粑食用，品质较好。该品种较早熟、株高和穗位高较适宜、果穗较长、粒色鲜亮、结实性好，用于品种选育时应注意对抗病性的选择。

种质名称：维新珍珠糯
采集编号：P452723003

25. 寨岑本地糯

【采集地】广西河池市罗城仫佬族自治县。

【类型及分布】属于地方品种，糯质型，该县一些村屯有少量种植。

【主要特征特性】在南宁种植，生育期 94 天，全株叶 19.6 片，株高 258.3cm，穗位高 122.5cm，果穗长 14.8cm，果穗粗 4.8cm，穗行数 14.4 行，行粒数 32.6 粒，果穗柱形，籽粒白色，糯质型，轴芯白色，秃尖长 0.3cm。人工接种鉴定该品种中抗纹枯病、感南方锈病，检测其籽粒蛋白质含量为 12.99%、脂肪含量为 3.90%、淀粉含量为 69.84%。

【利用价值】以鲜食为主，也用于制作糍粑食用。该品种较早熟、籽粒蛋白质和淀粉含量较高、品质较好，用于品种选育时应注意对抗病性的选择。

种质名称：寨岑本地糯
采集编号：P452723015

26. 和龙糯玉米

【采集地】广西河池市东兰县。

【类型及分布】属于地方品种，糯质型，该县一些村屯有少量种植。

【主要特征特性】在南宁种植，生育期 94 天，全株叶 22.8 片，株高 312.0cm，穗位高 168.0cm，果穗长 13.5cm，果穗粗 3.5cm，穗行数 12.2 行，行粒数 25.0 粒，果穗锥形，籽粒白色，糯质型，轴芯白色，秃尖长 0.5cm。人工接种鉴定该品种抗纹枯病、感南方锈病，检测其籽粒蛋白质含量为 12.32%、脂肪含量为 4.32%、淀粉含量为 68.07%。

【利用价值】由农户自行留种，以鲜食为主，也用于制作糍粑食用，口感较好。该品种具有黏性较好、早熟等特性，可用于育种，但应改良其对南方锈病的抗性、降低株高和穗位高。

27. 文利糯玉米

【采集地】广西钦州市灵山县。

【类型及分布】属于地方品种，糯质型，该县个别村屯有零星种植。

【主要特征特性】在南宁种植，生育期94天，全株叶19.0片，株型披散，株高267.5cm，穗位高109.5cm，果穗长14.2cm，果穗粗4.2cm，穗行数14.6行，行粒数29.9粒，出籽率83.7%，千粒重254.3g，果穗柱形，籽粒白色，糯质型，轴芯白色。田间记载该品种高感纹枯病、感南方锈病，检测其籽粒蛋白质含量为13.13%、脂肪含量为4.11%、淀粉含量为69.22%。

【利用价值】以鲜食为主，品质和风味较好。该品种具有较早熟、优质的特点，但植株高大、穗位偏高，用于品种选育时应注意对抗病性的选择，并改良植株性状。

28. 阳旭头白糯

【采集地】广西桂林市灵川县。

【类型及分布】属于地方品种，糯质型，该县个别村屯有零星种植。

【主要特征特性】在南宁种植，生育期94天，全株叶19.0片，株型披散，株高237.0cm，穗位高101.3cm，果穗长12.2cm，果穗粗4.5cm，穗行数15.8行，行粒数26.0粒，出籽率85.3%，千粒重231.2g，果穗柱形，籽粒白色，糯质型，轴芯白色。田间记载该品种感纹枯病、高感南方锈病，检测其籽粒蛋白质含量为12.41%、脂肪含量为4.72%、淀粉含量为69.27%。

【利用价值】以鲜食为主，也用于制作糍粑食用，口感较好。该品种品质好、食味佳，用于品种选育时应注意对抗病性的选择。

29. 晏村糯玉米

【采集地】广西钦州市灵山县。

【类型及分布】属于地方品种，糯质型，该县个别村屯有零星种植。

【主要特征特性】在南宁种植，生育期92天，全株叶18.0片，株型披散，株高247.2cm，穗位高111.9cm，果穗长12.9cm，果穗粗4.2cm，穗行数13.2行，行粒数28.9粒，出籽率84.1%，千粒重246.1g，果穗锥形，籽粒白色，糯质型，轴芯白色。田间记载该品种高感纹枯病和南方锈病，检测其籽粒蛋白质含量为12.15%、脂肪含量为4.49%、淀粉含量为69.75%。

【利用价值】以鲜食为主，风味较好。该品种籽粒淀粉含量较高、糯性较好、较早熟、出籽率较高，但植株和穗位偏高，用于品种选育时应注意降低株高和穗位高、对抗病性的选择。

30. 礼茶小白糯

【采集地】广西崇左市凭祥市。

【类型及分布】属于地方品种，糯质型，该市个别村屯有零星种植。

【主要特征特性】在南宁种植，生育期93天，全株叶18.0片，株型披散，株高233.7cm，穗位高100.3cm，果穗长12.9cm，果穗粗3.9cm，穗行数15.4行，行粒数28.8粒，出籽率83.8%，千粒重207.7g，果穗柱形，籽粒白色，糯质型，轴芯白色。田间记载该品种感纹枯病、高感南方锈病，检测其籽粒蛋白质含量为13.27%、脂肪含量为4.34%、淀粉含量为68.46%。

【利用价值】主要鲜食，也用于制作糍粑食用，口感较好。该品种早熟性较好、株高和穗位高适宜、品质较好，用于品种选育时应注意对抗病性的选择。

31. 夏桐土白糯

【采集地】广西崇左市凭祥市。

【类型及分布】属于地方品种，糯质型，该市个别村屯有零星种植。

【主要特征特性】在南宁种植，生育期 95 天，全株叶 18.0 片，株型较紧凑，株高 210.4cm，穗位高 82.0cm，果穗长 13.6cm，果穗粗 4.4cm，穗行数 17.2 行，行粒数 25.6 粒，出籽率 77.2%，千粒重 242.1g，果穗柱形，籽粒白色，糯质型，轴芯白色。人工接种鉴定该品种高感纹枯病、抗南方锈病，检测其籽粒蛋白质含量为 12.43%、脂肪含量为 3.85%、淀粉含量为 69.51%。

【利用价值】以鲜食为主，也用于制作糍粑食用，品质优良，口感好。该品种具有行多粒小、株高适宜、穗位低、结实性好、品质优等特性，是小粒型品种，可用于品种选育，但应注意对抗病性的选择。

32. 枯娄糯玉米

【采集地】广西防城港市上思县。

【类型及分布】属于地方品种，糯质型，该县只有很少的村屯有零星种植。

【主要特征特性】在南宁种植，生育期93天，全株叶18.0片，株型较紧凑，株高206.8cm，穗位高85.5cm，果穗长12.7cm，果穗粗4.0cm，穗行数13.2行，行粒数29.0粒，出籽率80.5%，千粒重176.6g，果穗柱形，籽粒白色，糯质型，轴芯白色。田间记载该品种高感纹枯病、感南方锈病，检测其籽粒蛋白质含量为11.98%、脂肪含量为4.21%、淀粉含量为68.89%。

【利用价值】主要鲜食。该品种早熟性和株型比较好、株高和穗位高适宜，用于品种选育时应注意对抗病性的选择，并改良果穗性状。

33. 那琴糯玉米

【采集地】广西防城港市上思县。

【类型及分布】属于地方品种，糯质型，该县只有很少的村屯有零星种植。

【主要特征特性】在南宁种植，生育期97天，全株叶16.0片，株高212.7cm，穗位高78.5cm，果穗长12.8cm，果穗粗4.3cm，穗行数15.4行，行粒数28.3粒，出籽率82.5%，千粒重213.3g，果穗柱形，籽粒白色，糯质型，轴芯白色。田间记载该品种感南方锈病，检测其籽粒蛋白质含量为11.70%、脂肪含量为3.94%、淀粉含量为70.92%。

【利用价值】以鲜食为主，品质较好。该品种早熟性较好、株高和穗位高适宜、籽粒淀粉含量较高，属于小粒型品种，用于品种选育时应注意对抗病性的选择，并改良和增加果穗长度。

34. 隆福糯玉米

【采集地】广西河池市都安瑶族自治县。

【类型及分布】属于地方品种，糯质型，该县一些村屯有少量种植。

【主要特征特性】在南宁种植，生育期 110 天，全株叶 24.0 片，株型披散，株高 311.0cm，穗位高 177.1cm，果穗长 14.7cm，果穗粗 3.9cm，穗行数 13.4 行，行粒数 28.5 粒，出籽率 81.0%，千粒重 202.2g，果穗锥形，籽粒白色，糯质型，轴芯白色。人工接种鉴定该品种高抗纹枯病、感南方锈病，检测其籽粒蛋白质含量为 12.81%、脂肪含量为 4.64%、淀粉含量为 67.61%。

【利用价值】以鲜食为主，也用于制作糍粑食用。该品种生育期适宜，植株高大、穗位太高而易倒伏，是高抗纹枯病的优异种质资源，用于品种选育时应注意降低株高和穗位高。

35. 板定糯玉米

【采集地】广西河池市都安瑶族自治县。

【类型及分布】属于地方品种，糯质型，该县一些村屯有少量种植。

【主要特征特性】在南宁种植，生育期93天，全株叶19.0片，株型披散，株高237.6cm，穗位高106.5cm，果穗长12.4cm，果穗粗4.5cm，穗行数14.6行，行粒数25.3粒，出籽率83.1%，千粒重253.9g，果穗柱形，籽粒白色，糯质型，轴芯白色。田间记载该品种感纹枯病、高感南方锈病，检测其籽粒蛋白质含量为11.56%、脂肪含量为4.20%、淀粉含量为70.42%。

【利用价值】以鲜食为主，也用于制作糍粑食用，口感较好。该品种籽粒淀粉含量较高、糯性较好、株高和穗位高较适宜，用于品种选育时应注意对抗病性的选择。

36. 崇山糯玉米

【采集地】广西河池市都安瑶族自治县。

【类型及分布】属于地方品种，糯质型，该县一些村屯有少量种植。

【主要特征特性】在南宁种植，生育期 113 天，全株叶 22.4 片，株高 311.0cm，穗位高 175.2cm，果穗长 14.6cm，果穗粗 3.9cm，穗行数 10.6 行，行粒数 30.2 粒，果穗柱形，籽粒白色，糯质型，轴芯白色，秃尖长 0.1cm。人工接种鉴定该品种高抗纹枯病、中抗南方锈病，检测其籽粒蛋白质含量为 12.89%、脂肪含量为 4.65%、淀粉含量为 68.56%。

【利用价值】主要由农户自行留种，以鲜食为主，也用于制作糍粑食用，口感较好。该品种抗病性强，是优异的种质资源，但植株高大、穗位太高而抗倒性差，结实率不高，用于品种选育时应降低株高和穗位高、改良果穗性状、提高产量。

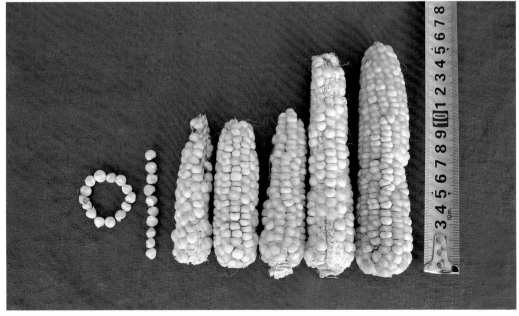

37. 上梅糯玉米

【采集地】广西河池市都安瑶族自治县。

【类型及分布】属于地方品种，糯质型，该县个别村屯有零星种植。

【主要特征特性】在南宁种植，生育期103天，全株叶21.0片，株高301.3cm，穗位高166.6cm，果穗长13.5cm，果穗粗3.8cm，穗行数12.2行，行粒数25.3粒，出籽率79.6%，千粒重197.3g，果穗锥形，籽粒白色，糯质型，轴芯白色。人工接种鉴定该品种高抗纹枯病，检测其籽粒蛋白质含量为13.06%、脂肪含量为4.50%、淀粉含量为66.22%。

【利用价值】以鲜食为主，也用于制作糍粑食用，食味口感较好。该品种是高抗纹枯病的优异种质资源，但植株高大、穗位太高而易倒伏，用于品种选育时应注意降低株高和穗位高。

38. 西隆糯玉米

【采集地】广西河池市都安瑶族自治县。

【类型及分布】属于地方品种，糯质型，该县一些村屯有少量种植。

【主要特征特性】在南宁种植，生育期96天，全株叶20.0片，株型披散，株高284.4cm，穗位高144.3cm，果穗长13.7cm，果穗粗3.9cm，穗行数12.0行，行粒数25.3粒，出籽率80.4%，千粒重265.0g，果穗锥形，籽粒白色，糯质型，轴芯白色。人工接种鉴定该品种高抗纹枯病、感南方锈病，检测其籽粒蛋白质含量为12.54%、脂肪含量为4.39%、淀粉含量为68.06%。

【利用价值】以鲜食为主，也用于制作糍粑食用。该品种生育期较适宜、品质较好，是高抗纹枯病的优异种质资源，但植株高大、穗位太高而易倒伏，用于品种选育时应注意降低株高和穗位高。

39. 加头糯玉米

【采集地】广西河池市都安瑶族自治县。

【类型及分布】属于地方品种，糯质型，该县个别村屯有零星种植。

【主要特征特性】在南宁种植，生育期98天，全株叶20.2片，株高268.4cm，穗位高139.6cm，果穗长8.4cm，果穗粗2.8cm，穗行数9.4行，行粒数19.5粒，果穗锥形，籽粒白色，糯质型，轴芯白色，秃尖长0.3cm。人工接种鉴定该品种中抗纹枯病、感南方锈病，检测其籽粒蛋白质含量为13.61%、脂肪含量为4.42%、淀粉含量为68.35%。

【利用价值】由农户自行留种，以鲜食为主，也用于制作糍粑食用，口感较好。该品种籽粒蛋白质含量较高、品质较优，可用于品种选育，但应改良其对南方锈病的抗性、降低穗位高。

40. 共合糯玉米

【**采集地**】广西百色市那坡县。

【**类型及分布**】属于地方品种，糯质型，该县个别村屯有零星种植。

【**主要特征特性**】在南宁种植，生育期 112 天，全株叶 24.0 片，株高 336.8cm，穗位高 187.8cm，果穗长 15.6cm，果穗粗 4.0cm，穗行数 11.4 行，行粒数 20.0 粒，出籽率 70.9%，千粒重 236.2g，果穗锥形，籽粒白色，糯质型，轴芯白色，秃尖长 1.5cm。

【**利用价值**】主要由农户自行留种，以鲜食为主，也用于制作糍粑食用。该品种植株和穗位太高、适应性较差，不宜在南宁种植，可作为种质资源保存。

种质名称：共合糯玉米
采集编号：P2015453356

种质名称：共合糯玉米
采集编号：P2015453356

41. 弄民糯玉米

【采集地】广西百色市那坡县。

【类型及分布】属于地方品种，糯质型，该县个别村屯有零星种植。

【主要特征特性】在南宁种植，生育期92天，全株叶17.6片，株高222.6cm，穗位高107.0cm，果穗长14.2cm，果穗粗3.8cm，穗行数10.2行，行粒数21.4粒，果穗锥形，籽粒白色，糯质型，轴芯白色，秃尖长0.2cm。田间记载该品种病害发生比较严重，检测其籽粒蛋白质含量为13.38%、脂肪含量为4.19%、淀粉含量为67.95%。

【利用价值】主要由农户自行留种，以鲜食为主，也用于制作糍粑食用，口感较好。该品种品质好、食味佳、早熟，用于品种选育时应注意对抗病性的选择。

42. 民兴糯玉米

【采集地】广西百色市那坡县。

【类型及分布】属于地方品种，糯质型，该县个别村屯有零星种植。

【主要特征特性】在南宁种植，生育期 94 天，全株叶 19.0 片，株高 253.3cm，穗位高 126.8cm，果穗长 12.6cm，果穗粗 4.1cm，穗行数 13.0 行，行粒数 23.5 粒，出籽率 78.9%，千粒重 270.1g，果穗锥形，籽粒白色，糯质型，轴芯白色。田间记载该品种高感纹枯病、中抗南方锈病，检测其籽粒蛋白质含量为 12.48%、脂肪含量为 4.08%、淀粉含量为 69.22%。

【利用价值】以鲜食为主，也用于制作糍粑食用，口感较好。该品种较早熟、品质较好、植株大小适中、穗位偏高，用于品种选育时应注意降低穗位高、对抗病性的选择。

43. 马元糯玉米

【采集地】广西百色市那坡县。

【类型及分布】属于地方品种，糯质型，该县个别村屯有零星种植。

【主要特征特性】在南宁种植，生育期 92 天，全株叶 19.8 片，株高 270.0cm，穗位高 140.2cm，果穗长 15.2cm，果穗粗 3.6cm，穗行数 8.8 行，行粒数 25.4 粒，果穗锥形，籽粒白色，糯质型，轴芯白色，秃尖长 0.8cm。人工接种鉴定该品种中抗纹枯病、感南方锈病，检测其籽粒蛋白质含量为 13.15%、脂肪含量为 4.05%、淀粉含量为 66.61%。

【利用价值】由农户自行留种，以鲜食为主，也用于制作糍粑食用，口感较好。该品种早熟，可用于品种选育，但应改良其对南方锈病的抗性、降低穗位高。

44. 果桃白糯玉米

【采集地】广西百色市那坡县。

【类型及分布】属于地方品种，糯质型，该县一些村屯有少量种植。

【主要特征特性】在南宁种植，生育期 102 天，全株叶 22.0 片，株高 306.5cm，穗位高 153.0cm，果穗长 16.1cm，果穗粗 3.7cm，穗行数 13.4 行，行粒数 27.0 粒，出籽率 73.0%，千粒重 243.6g，果穗锥形，籽粒白色，糯质型，轴芯白色。人工接种鉴定该品种抗纹枯病、感南方锈病，检测其籽粒蛋白质含量为 12.78%、脂肪含量为 4.10%、淀粉含量为 68.89%。

【利用价值】主要鲜食或用于煮制玉米粥食用，口感较好。该品种糯性较好、食味佳，但植株偏高，用于品种选育时应注意改良植株性状。

种质名称：果桃白糯玉米
采集编号：2015453401

45. 浦东白糯玉米

【采集地】广西崇左市凭祥市。

【类型及分布】属于地方品种，糯质型，该市一些村屯有少量种植。

【主要特征特性】在南宁种植，生育期94天，全株叶20.0片，株高206.4cm，穗位高95cm，果穗长14.6cm，果穗粗4.4cm，穗行数15.8行，行粒数29.8粒，出籽率85.0%，千粒重265.0g，果穗柱形，籽粒白色，糯质型，轴芯白色。田间记载高感抗纹枯病、感南方锈病。

【利用价值】主要鲜食或用于煮制玉米粥食用，口感较好，也用作饲料喂养牲畜。该品种籽粒纯白、结实性好、株高和穗位适宜，是选育优质糯玉米品种的优异材料，但应注意对抗病性的选择。

采集编号：2015453402

采集编号：2015453402

46. 大岩垌白糯

【采集地】广西柳州市柳城县。

【类型及分布】属于地方品种，糯质型，该县一些村屯有少量种植。

【主要特征特性】在南宁种植，生育期 103 天，全株叶 17.5 片，株高 219.9cm，穗位高 96.5cm，果穗长 14.6cm，果穗粗 4.2cm，穗行数 15.2 行，行粒数 33.0 粒，果穗柱形，籽粒白色，糯质型，轴芯白色。经检测，该品种籽粒蛋白质含量为 13.66%、脂肪含量为 4.02%、淀粉含量为 68.03%。

【利用价值】由农户自行留种、自产自销，主要用于煮制玉米粥、制作糍粑食用，也可用于饲喂畜禽。该品种具有株高和穗位高适宜、抗倒性好、适应性广、糯性优等特性，但抗病性较差，用于品种选育时应注意改良果穗性状、对抗病性的选择。

种质名称：大岩垌白糯
采集编号：2016451169

种质名称：大岩垌白糯
采集编号：2016451169

47. 板贡糯玉米

【采集地】广西柳州市柳城县。

【类型及分布】属于地方品种，糯质型，该县个别村屯有零星种植。

【主要特征特性】在南宁种植，生育期 98 天，全株叶 16.9 片，株高 188.8cm，穗位高 83.0cm，果穗长 12.8cm，果穗粗 4.7cm，穗行数 13.6 行，行粒数 28.6 粒，果穗柱形，籽粒白色，糯质型，轴芯白色。经检测，该品种籽粒蛋白质含量为 12.11%、脂肪含量为 3.97%、淀粉含量为 69.75%。

【利用价值】由农户自行留种、自产自销，主要用于煮制玉米粥、制作糍粑食用。该品种具有糯性较好、株高和穗位高适宜、抗倒性和适应性较好等特性，生产上应注意对病害的防控，用于品种选育时应改良果穗性状、提高抗病性和产量潜力。

种质名称：板贡糯玉米
采集编号：2016451188

48. 大户糯玉米

【采集地】广西柳州市柳城县。

【类型及分布】属于地方品种，糯质型，该县一些村屯有少量种植。

【主要特征特性】在南宁种植，生育期94天，全株叶17.6片，株高229.8cm，穗位高110.0cm，果穗长14.5cm，果穗粗4.4cm，穗行数14.8行，行粒数34.8粒，果穗柱形，籽粒白色，糯质型，轴芯白色。经检测，该品种籽粒蛋白质含量为12.22%、脂肪含量为3.63%、淀粉含量为70.68%。

【利用价值】由农户自行留种、自产自销，主要用于煮制玉米粥、制作糍粑食用。该品种具有籽粒淀粉含量高、糯性优、株高和穗位高适宜、结实性好、产量较高等特性，可直接用于生产，用于品种选育时应改良和提高抗病性。

种质名称：大户糯玉米
采集编号：2016451196

种质名称：大户糯玉米
采集编号：2016451196

49. 下富糯玉米

【采集地】广西柳州市柳城县。

【类型及分布】属于地方品种，糯质型，该县个别村屯有零星种植。

【主要特征特性】在南宁种植，生育期94天，全株叶18.4片，株高215.8cm，穗位高108.6cm，果穗长15.0cm，果穗粗4.6cm，穗行数14.6行，行粒数29.2粒，果穗柱形，籽粒白色，糯质型，轴芯白色。经检测，该品种籽粒蛋白质含量为12.85%、脂肪含量为3.82%、淀粉含量为69.34%。

【利用价值】由农户自行留种、自产自销，主要用于煮制玉米粥、制作糍粑食用。该品种具有籽粒淀粉含量较高、糯性较优、株高和穗位高适宜、结实性较好等特性，用于品种选育时应改良和提高抗病性、提高产量。

50. 芝东糯玉米

【采集地】广西柳州市融水苗族自治县。

【类型及分布】属于地方品种，糯质型，该县一些村屯有少量种植。

【主要特征特性】在南宁种植，生育期94天，全株叶17.2片，株高228.7cm，穗位高91.9cm，果穗长14.7cm，果穗粗4.6cm，穗行数13.6行，行粒数26.4粒，果穗柱形，籽粒白色，糯质型，轴芯白色。经检测，该品种籽粒蛋白质含量为12.65%、脂肪含量为4.07%、淀粉含量为69.42%。

【利用价值】由农户自行留种，以鲜食为主，也用于煮制玉米粥、制作糍粑食用。该品种具有早熟性较好、籽粒淀粉含量较高、株高和穗位高适宜、结实性较好等特性，用于品种选育时应改良和提高抗病性。

51. 小桑糯玉米

【采集地】广西柳州市融水苗族自治县。

【类型及分布】属于地方品种，糯质型，该县一些村屯有少量种植。

【主要特征特性】在南宁种植，生育期 94 天，全株叶 19.1 片，株高 229.9cm，穗位高 109.9cm，果穗长 14.2cm，果穗粗 4.4cm，穗行数 13.6 行，行粒数 31.2 粒，果穗锥形，籽粒白色，糯质型，轴芯白色。经检测，该品种籽粒蛋白质含量为 14.24%、脂肪含量为 4.81%、淀粉含量为 65.38%。

【利用价值】由农户自行留种，以鲜食为主，也用于煮制玉米粥、制作糍粑食用，有时也用于饲喂畜禽。该品种具有籽粒蛋白质含量高和脂肪含量较高、糯性较优、株高和穗位高适宜、结实性较好等特性，是选育优质糯玉米品种的优异资源，但应改良和提高抗病性。

种质名称：小桑糯玉米
采集编号：2016451302

52. 元宝白糯

【采集地】广西柳州市融水苗族自治县。

【类型及分布】属于地方品种，糯质型，该县一些村屯有少量种植。

【主要特征特性】在南宁种植，生育期 94 天，全株叶 19.4 片，株高 231.0cm，穗位高 110.3cm，果穗长 12.4cm，果穗粗 4.2cm，穗行数 15.6 行，行粒数 25.8 粒，果穗柱形，籽粒白色，糯质型，轴芯白色。人工接种鉴定该品种抗南方锈病，检测其籽粒蛋白质含量为 12.71%、脂肪含量为 3.92%、淀粉含量为 69.67%。

【利用价值】由农户自行留种，以鲜食为主，或者用于煮制玉米粥、制作糍粑食用，少量用于喂养畜禽。该品种籽粒淀粉含量较高、糯性较好、株高和穗位高适宜、结实性较好，用于品种选育时应改良和提高其对主要病害的抗性。

种质名称：元宝白糯

采集编号：2016451309

53. 北岩糯苞谷

【采集地】广西崇左市宁明县。

【类型及分布】属于地方品种，糯质型，该县一些村屯有少量种植。

【主要特征特性】在南宁种植，生育期 94 天，全株叶 18.0 片，株型紧凑，株高 162.1cm，穗位高 66.8cm，果穗长 13.6cm，果穗粗 4.6cm，穗行数 15.4 行，行粒数 29.0 粒，出籽率 86.4%，千粒重 211.6g，果穗柱形，籽粒白色，糯质型，轴芯白色。田间记载该品种高感纹枯病、感南方锈病，检测其籽粒蛋白质含量为 11.76%、脂肪含量为 3.85%、淀粉含量为 70.37%。

【利用价值】主要鲜食或用于煮制玉米粥食用，口感较好。该品种籽粒淀粉含量高、品质好、食味佳，可用于品种选育，但应注意改良抗病性。

种质名称：北岩糯苞谷
采集编号：2016451448

54. 派台糯苞谷

【采集地】广西崇左市宁明县。

【类型及分布】属于地方品种，糯质型，该县一些村屯有少量种植。

【主要特征特性】在南宁种植，生育期 94 天，全株叶 17.0 片，株高 178.8cm，穗位高 86.0cm，果穗长 14.6cm，果穗粗 4.4cm，穗行数 16.8 行，行粒数 31.0 粒，出籽率 84.0%，千粒重 210.5g，果穗柱形，籽粒白色，糯质型，轴芯白色。田间记载该品种高感纹枯病、感南方锈病，检测其籽粒蛋白质含量为 11.99%、脂肪含量为 4.07%、淀粉含量为 69.77%。

【利用价值】主要鲜食，也可用于制作糍粑食用，口感较好。该品种籽粒淀粉含量较高、品质较好、食味佳，可用于品种选育，但应注意提高抗病性。

种质名称：派台糯苞谷
采集编号：2016451477

55. 三茶五月苞

【采集地】广西桂林市资源县。

【类型及分布】属于地方品种，糯质型，该县个别村屯有零星种植。

【主要特征特性】在南宁种植，生育期 94 天，全株叶 18.5 片，株高 160.5cm，穗位高 74.9cm，果穗长 12.2cm，果穗粗 4.4cm，穗行数 16.6 行，行粒数 26.2 粒，出籽率 78.8%，千粒重 221g，果穗柱形，籽粒白色，糯质型，轴芯白色。田间记载该品种高感纹枯病、感南方锈病，检测其籽粒蛋白质含量为 12.78%、脂肪含量为 4.19%、淀粉含量为 67.79%。

【利用价值】以鲜食为主，也可用于制作糍粑食用，有时也用于喂养畜禽。该品种具有食用品质较好、较早熟等特性，用于品种选育时应注意对穗位高和抗病性的选择。

种质名称：三茶五月苞
采集编号：2016452085

56. 建新白糯

【采集地】广西桂林市龙胜各族自治县。

【类型及分布】属于地方品种,糯质型,该县一些村屯有少量种植。

【主要特征特性】在南宁种植,生育期 92 天,全株叶 17.0 片,株型披散,株高 217.6cm,穗位高 90.4cm,果穗长 14.8cm,果穗粗 4.3cm,穗行数 12.8 行,行粒数 28.0 粒,出籽率 80.1%,千粒重 238.4g,果穗锥形,籽粒白色,糯质型,轴芯白色。田间记载该品种抗南方锈病、感纹枯病,检测其籽粒蛋白质含量为 12.45%、脂肪含量为 3.88%、淀粉含量为 70.34%。

【利用价值】主要鲜食或用于煮制玉米粥食用,口感较好。该品种具有早熟性较好、株高和穗位高适宜、籽粒淀粉含量较高、品质好、食味佳、结实率较高等特性,是优异种质资源,可用于品种选育,但应注意改良果穗性状、提高抗病性和产量潜力。

57. 大瑶白糯

【采集地】广西桂林市荔浦市。

【类型及分布】属于地方品种，糯质型，该县一些村屯有少量种植。

【主要特征特性】在南宁种植，生育期 94 天，全株叶 19.0 片，株高 190.8cm，穗位高 92.8cm，果穗长 15.3cm，果穗粗 4.1cm，穗行数 12.4 行，行粒数 33.0 粒，出籽率 80.0%，千粒重 185.0g，果穗柱形，籽粒白色、杂有紫色，糯质型，轴芯白色。田间记载该品种抗南方锈病、高感纹枯病，检测其籽粒蛋白质含量为 13.25%、脂肪含量为 4.14%、淀粉含量为 67.44%。

【利用价值】主要鲜食，有时也用于喂养畜禽。该品种株高和穗位高适宜、籽粒蛋白质含量较高、品质较好，可用于品种选育。

58. 板包本地糯

【采集地】广西崇左市扶绥县。

【类型及分布】属于地方品种，糯质型，该县个别村屯有零星种植。

【主要特征特性】在南宁种植，生育期 94 天，全株叶 19.0 片，株高 197.3cm，穗位高 78.2cm，果穗长 12.8cm，果穗粗 4.4cm，穗行数 14.8 行，行粒数 26.0 粒，出籽率 78.5%，千粒重 227.8g，果穗柱形，籽粒白色，糯质型，轴芯白色。田间记载该品种高感纹枯病、感南方锈病，检测其籽粒蛋白质含量为 13.13%、脂肪含量为 4.20%、淀粉含量为 68.75%。

【利用价值】以鲜食为主，也可用于制作糍粑、煮制玉米粥食用，口感较好。该品种具有株高和穗位高适宜、品质较优、糯性较好等特性，可用于品种选育，但应注意对抗病性的选择、改良果穗性状。

59. 水力本地糯

【采集地】广西河池市大化瑶族自治县。

【类型及分布】属于地方品种，糯质型，该县一些村屯有少量种植。

【主要特征特性】在南宁种植，生育期92天，全株叶19.0片，株高238.4cm，穗位高106.5cm，果穗长13.6cm，果穗粗4.4cm，穗行数13.8行，行粒数32.0粒，出籽率84.5%，千粒重273.2g，果穗锥形，籽粒白色，糯质型，轴芯白色。田间记载该品种感纹枯病和南方锈病，检测其籽粒蛋白质含量为12.47%、脂肪含量为4.11%、淀粉含量为69.30%。

【利用价值】以鲜食为主，也可用于煮制玉米粥食用，口感较好。该品种籽粒淀粉含量较高、品质较好，可用于品种选育，但应注意对抗病性的选择。

种质名称：水力本地糯
采集编号：2016453177

60. 那洪糯玉米

【采集地】广西百色市凌云县。

【类型及分布】属于地方品种，糯质型，该县个别村屯有零星种植。

【主要特征特性】在南宁种植，生育期 97 天，全株叶 21.0 片，株型披散，株高 266.0cm，穗位高 155.5cm，果穗长 14.3cm，果穗粗 3.5cm，穗行数 13.2 行，行粒数 27.0 粒，出籽率 75.9%，千粒重 219.3g，果穗柱形，籽粒白色，糯质型，轴芯白色。经检测，该品种籽粒蛋白质含量为 13.44%、脂肪含量为 3.78%、淀粉含量为 65.39%。

【利用价值】主要食用或用作饲料。该品种可用于品种改良，但应注意对抗病性的选择、提高出籽率和产量。

种质名称：那洪糯玉米
采集编号：2016453240

种质名称：那洪糯玉米
采集编号：2016453240

61. 九江糯玉米

【采集地】广西百色市凌云县。

【类型及分布】属于地方品种，糯质型，该县一些村屯有少量种植。

【主要特征特性】在南宁种植，生育期100天，全株叶24.0片，株型披散，株高312.1cm，穗位高168.5cm，果穗长16.2cm，果穗粗4.1cm，穗行数14.2行，行粒数33.0粒，出籽率76.9%，千粒重188.9g，果穗锥形，籽粒白色，糯质型，轴芯白色。田间记载该品种感纹枯病和南方锈病，检测其籽粒蛋白质含量为12.63%、脂肪含量为4.66%、淀粉含量为68.44%。

【利用价值】主要鲜食或用于煮制玉米粥食用，糯性好，食味佳。该品种果穗较长、品质较好，可用于品种选育，但应注意对抗病性的改良。

种质名称：九江糯玉米
采集编号：2016453259

62. 磨村糯玉米

【**采集地**】广西百色市凌云县。

【**类型及分布**】属于地方品种，糯质型，该县个别村屯有零星种植。

【**主要特征特性**】在南宁种植，生育期 100 天，全株叶 21.0 片，株型披散，株高 271.0cm，穗位高 142.2cm，果穗长 14.8cm，果穗粗 3.9cm，穗行数 13.8 行，行粒数 26.0 粒，出籽率 73.0%，千粒重 230.4g，果穗锥形，籽粒白色，糯质型，轴芯白色。田间记载该品种感纹枯病、抗南方锈病，检测其籽粒蛋白质含量为 13.64%、脂肪含量为 4.16%、淀粉含量为 67.18%。

【**利用价值**】主要鲜食或用于煮制玉米粥食用，糯性好，食味佳。该品种具有籽粒蛋白质含量较高、糯性较好、品质优、食味佳、结实性好等特性，可用于品种选育，但应注意对抗病性的选择和改良。

种质名称：磨村糯玉米
采集编号：2016453266

63. 德峨糯玉米

【采集地】广西百色市隆林各族自治县。

【类型及分布】属于地方品种，糯质型，该县个别村屯有零星种植。

【主要特征特性】在南宁种植，生育期99天，全株叶22.0片，株型披散，株高266.5cm，穗位高144.3cm，果穗长12.5cm，果穗粗3.3cm，穗行数9.2行，行粒数24.0粒，出籽率62.0%，千粒重243.8g，果穗锥形，籽粒白色，糯质型，轴芯白色。经检测，该品种籽粒蛋白质含量为13.54%、脂肪含量为3.90%、淀粉含量为67.73%。

【利用价值】主要食用或用作饲料。该品种结实性较差，用于品种改良时应注意对抗病性的选择、提高出籽率和产量。

64. 三冲本地糯

【采集地】广西百色市隆林各族自治县。

【类型及分布】属于地方品种，糯质型，该县个别村屯有零星种植。

【主要特征特性】在南宁种植，生育期 113 天，全株叶 23.0 片，株高 308.0cm，穗位高 162.2cm，果穗长 16.0cm，果穗粗 4.2cm，穗行数 13.2 行，行粒数 29.4 粒，果穗锥形，籽粒白色，糯质型，轴芯白色。人工接种鉴定该品种高抗纹枯病，检测其籽粒蛋白质含量为 13.02%、脂肪含量为 3.83%、淀粉含量为 68.07%。

【利用价值】由农户自行留种，以鲜食为主，也可用于煮制玉米粥食用，有时也用于饲养畜禽。该品种籽粒蛋白质含量较高、糯性较好，但植株较高而抗倒性较差，是高抗纹枯病的优异种质资源，用于品种选育时应降低株高和穗位高。

种质名称：三冲本地糯
采集编号：2016453356

65. 卡白白糯

【采集地】广西百色市隆林各族自治县。

【类型及分布】属于地方品种，糯质型，该县个别村屯有零星种植。

【主要特征特性】在南宁种植，生育期 105 天，全株叶 22.1 片，株高 310.0cm，穗位高 180.2cm，果穗长 14.8cm，果穗粗 4.0cm，穗行数 12.6 行，行粒数 24.4 粒，果穗锥形，籽粒白色，糯质型，轴芯白色。经检测，该品种籽粒蛋白质含量为 13.27%、脂肪含量为 4.12%、淀粉含量为 66.53%。

【利用价值】由农户自行留种，以鲜食为主，也可用于煮制玉米粥食用。该品种植株高、糯性好、感南方锈病，可作为糯玉米改良材料使用，但应降低株高和穗位高、提高抗病性和产量潜力。

种质名称：卡白白糯
采集编号：2016453394

66. 平上糯玉米

【采集地】广西百色市西林县。

【类型及分布】属于地方品种，糯质型，该县个别村屯有零星种植。

【主要特征特性】在南宁种植，生育期99天，全株叶22.0片，株型披散，株高269.7cm，穗位高144.5cm，果穗长13.0cm，果穗粗3.8cm，穗行数14.4行，行粒数26.0粒，出籽率68.6%，千粒重239.0g，果穗锥形，籽粒白色，糯质型，轴芯白色。经检测，该品种籽粒蛋白质含量为13.22%、脂肪含量为3.84%、淀粉含量为66.22%。

【利用价值】主要食用或用作饲料。该品种果穗较长，可用于品种改良，但应注意对抗病性的选择、提高出籽率与产量。

67. 足别白糯

【采集地】广西百色市西林县。

【类型及分布】属于地方品种，糯质型，该县个别村屯有零星种植。

【主要特征特性】在南宁种植，生育期104天，全株叶20.0片，株型披散，株高286.5cm，穗位高157.3cm，果穗长12.3cm，果穗粗3.2cm，穗行数11.4行，行粒数20.0粒，出籽率62.0%，千粒重180.0g，果穗锥形，籽粒白色，糯质型，轴芯白色。经检测，该品种籽粒蛋白质含量为12.66%、脂肪含量为4.17%、淀粉含量为66.29%。

【利用价值】主要食用或用作饲料。该品种结实性较差，用于品种改良时应注意对抗病性的选择、提高出籽率和产量。

种质名称：足别白糯
采集编号：2016453500

种质名称：足别白糯
采集编号：2016453500

68. 果好本地糯

【采集地】广西河池市大化瑶族自治县。

【类型及分布】属于地方品种，糯质型，该县一些村屯有少量种植。

【主要特征特性】在南宁种植，生育期 94 天，全株叶 20.5 片，株型披散，株高 275.8cm，穗位高 133.1cm，果穗长 14.1cm，果穗粗 3.8cm，穗行数 12.6 行，行粒数 30.0 粒，出籽率 78.4%，千粒重 191.4g，果穗锥形，籽粒白色，糯质型，轴芯白色。田间鉴定该品种抗纹枯病、感南方锈病，检测其籽粒蛋白质含量为 13.55%、脂肪含量为 4.57%、淀粉含量为 67.38%。

【利用价值】主要鲜食或用于煮制玉米粥食用，口感较好。该品种具有较早熟、籽粒蛋白质含量较高、品质好、风味佳等特性，但穗位太高，用于品种选育时应改良植株性状、降低穗位高。

种质名称：果好本地糯
采集编号：2016453508

69. 江同糯玉米

【采集地】广西百色市隆林各族自治县。

【类型及分布】属于地方品种，糯质型，该县个别村屯有零星种植。

【主要特征特性】在南宁种植，生育期 103 天，全株叶 19.5 片，株高 259.5cm，穗位高 118.3cm，果穗长 13.9cm，果穗粗 4.8cm，穗行数 17.4 行，行粒数 27.6 粒，果穗柱形，籽粒白色，糯质型，轴芯白色。经检测，该品种籽粒蛋白质含量为 13.30%、脂肪含量为 4.11%、淀粉含量为 68.66%。

【利用价值】由农户自行留种，以鲜食为主，可用于煮制玉米粥食用，也可用于饲喂畜禽。该品种具有品质好、糯性优、株高适宜、抗倒性好、适应性广等特性，用于品种选育时应注意对抗病性的选择、改良果穗性状、提高产量潜力。

种质名称：江同糯玉米
采集编号：2016453637

70. 巴内白糯

【采集地】广西百色市隆林各族自治县。

【类型及分布】属于地方品种，糯质型，该县个别村屯有零星种植。

【主要特征特性】在南宁种植，生育期 105 天，全株叶 21.6 片，株高 296.0cm，穗位高 144.0cm，果穗长 14.2cm，果穗粗 4.0cm，穗行数 15.4 行，行粒数 29.8 粒，果穗柱形，籽粒白色，糯质型，轴芯白色。经检测，该品种籽粒蛋白质含量为 13.17%、脂肪含量为 4.43%、淀粉含量为 67.79%。

【利用价值】由农户自行留种、自产自销，以鲜食为主，也用于煮制玉米粥、制作糍粑食用。该品种具有糯性较优、适应性较广、中抗南方锈病等特性，用于品种选育时应注意改良植株性状、提高抗病性。

种质名称：巴内白糯
采集编号：2016453676

71. 妈篙糯苞谷

【采集地】广西百色市西林县。

【类型及分布】属于地方品种，糯质型，该县个别村屯有零星种植。

【主要特征特性】在南宁种植，生育期 105 天，全株叶 20.0 片，株高 275.5cm，穗位高 145.9cm，果穗长 13.6cm，果穗粗 4.1cm，穗行数 14.4 行，行粒数 27.0 粒，果穗锥形，籽粒白色，糯质型，轴芯白色。人工接种鉴定该品种中抗纹枯病，检测其籽粒蛋白质含量为 13.02%、脂肪含量为 4.25%、淀粉含量为 68.06%。

【利用价值】由农户自行留种、自产自销，主要用作口粮，用于煮制玉米粥、制作糍粑。该品种株高较适宜、穗位偏高、适应性较广，可作为糯玉米材料用于品种改良。

种质名称：妈篙糯苞谷
采集编号：2016453713

72. 土黄本地糯

【采集地】广西百色市西林县。

【类型及分布】属于地方品种，糯质型，该县个别村屯有零星种植。

【主要特征特性】在南宁种植，生育期 103 天，全株叶 18.1 片，株高 218.8cm，穗位高 81.6cm，果穗长 13.4cm，果穗粗 4.8cm，穗行数 16.6 行，行粒数 27.0 粒，果穗柱形，籽粒白色，糯质型，轴芯白色。经检测，该品种籽粒蛋白质含量为 12.38%、脂肪含量为 3.72%、淀粉含量为 70.09%。

【利用价值】由农户自行留种、自产自销，以鲜食为主，也用于煮制玉米粥食用。该品种具有籽粒淀粉含量高、糯性较优、株高和穗位高适宜、结实性和抗倒性较好等特性，可用作糯玉米改良材料，但应对主要病害的抗性进行选择。

种质名称：土黄本地糯
采集编号：2016453758

73. 伏马白糯

【**采集地**】广西百色市靖西市。

【**类型及分布**】属于地方品种，糯质型，该市个别村屯有零星种植。

【**主要特征特性**】在南宁种植，生育期 92 天，全株叶 17.0 片，株型披散，株高 197.9cm，穗位高 68.6cm，果穗长 15.2cm，果穗粗 4.0cm，穗行数 11.0 行，行粒数 24.0 粒，出籽率 87.4%，千粒重 267.3g，果穗锥形，花丝绿色和红色，籽粒白色，糯质型，轴芯白色。田间记载该品种高感南方锈病，检测其籽粒蛋白质含量为 13.27%、脂肪含量为 4.48%、淀粉含量为 68.43%。

【**利用价值**】主要鲜食或用于煮制玉米粥食用，糯性好，品质优，食味佳。该品种可用于品种选育，但应注意对抗病性的改良。

种质名称：伏马白糯
采集编号：2016453762

种质名称：伏马白糯
采集编号：2016453762

74. 陇浩糯苞谷

【采集地】广西百色市凌云县。

【类型及分布】属于地方品种，糯质型，该县个别村屯有零星种植。

【主要特征特性】在南宁种植，生育期 100 天，全株叶 23.0 片，株型披散，株高 330.2cm，穗位高 182.5cm，果穗长 14.5cm，果穗粗 3.5cm，穗行数 11.6 行，行粒数 27.0 粒，出籽率 71.0%，千粒重 210.9g，果穗锥形，籽粒白色、杂有少量紫色和黄色，糯质型，轴芯白色。经检测，该品种籽粒蛋白质含量为 13.93%、脂肪含量为 3.65%、淀粉含量为 67.63%。

【利用价值】主要食用或用作饲料。该品种生育期较长、植株和穗位较高，可用于品种改良，但应注意对抗病性的选择、提高出籽率和产量。

75. 上牙白糯苞谷

【采集地】广西河池市凤山县。

【类型及分布】属于地方品种，糯质型，该县一些村屯有少量种植。

【主要特征特性】在南宁种植，生育期103天，全株叶20.0片，株型披散，株高262.7cm，穗位高137.1cm，果穗长15.4cm，果穗粗4.1cm，穗行数13.2行，行粒数27.0粒，出籽率70.7%，千粒重208.1g，果穗锥形，籽粒白色，糯质型，轴芯白色。人工接种鉴定该品种中抗纹枯病、高抗南方锈病，检测其籽粒蛋白质含量为13.72%、脂肪含量为4.19%、淀粉含量为66.55%。

【利用价值】主要鲜食或用于煮制玉米粥食用。该品种具有抗病性较强、品质较好、食味佳等特性，可用于品种选育，但应改良植株性状和果穗性状、提高产量。

种质名称：上牙白糯苞谷
采集编号：2016453767

76. 长洞白糯

【采集地】广西河池市宜州区。

【类型及分布】属于地方品种，糯质型，该区一些村屯有少量种植。

【主要特征特性】在南宁种植，生育期 92 天，全株叶 18.0 片，株型紧凑，株高 170.3cm，穗位高 67.8cm，果穗长 12.0cm，果穗粗 4.4cm，穗行数 13.8 行，行粒数 29.0 粒，出籽率 85.2%，千粒重 218.8g，果穗柱形，籽粒白色，糯质型，轴芯白色。田间记载该品种高感纹枯病和南方锈病，检测其籽粒蛋白质含量为 11.49%、脂肪含量为 3.58%、淀粉含量为 71.38%。

【利用价值】主要鲜食或用于煮制玉米粥食用，糯性好，品质优，食味佳。该品种籽粒淀粉含量高，可用于品种选育，但应注意对抗病性的选择。

种质名称：长洞白糯
采集编号：2016453768

种质名称：长洞白糯
采集编号：2016453768

77. 磨村糯苞谷

【**采集地**】广西百色市凌云县。

【**类型及分布**】属于地方品种，糯质型，该县个别村屯有零星种植。

【**主要特征特性**】在南宁种植，生育期 98 天，全株叶 21.6 片，株高 270.5cm，穗位高 131.8cm，果穗长 15.4cm，果穗粗 4.0cm，穗行数 10.8 行，行粒数 28.0 粒，果穗锥形，籽粒白色，糯质型，轴芯白色。经检测，该品种籽粒蛋白质含量为 13.46%、脂肪含量为 4.13%、淀粉含量为 65.40%。

【**利用价值**】由农户自行留种、自产自销，以鲜食为主，也用于煮制玉米粥、制作糍粑食用。该品种具有品质较好、糯性较优等特性，用于品种选育时应注意改良植株性状和果穗性状、提高抗病性。

种质名称：磨村糯苞谷
采集编号：2016453772

78. 立寨坪糯玉米

【采集地】广西桂林市资源县。

【类型及分布】属于地方品种，糯质型，该县个别村屯有零星种植。

【主要特征特性】在南宁种植，生育期88天，全株叶19.0片，株型披散，株高199.2cm，穗位高76.1cm，果穗长8.8cm，果穗粗3.5cm，穗行数13.6行，行粒数20.0粒，出籽率72.1%，千粒重228.2g，果穗锥形，籽粒白色，糯质型，轴芯白色。经检测，该品种籽粒蛋白质含量为12.71%、脂肪含量为4.49%、淀粉含量为68.75%。

【利用价值】主要食用或用作饲料。该品种早熟性好、果穗较短、糯性较好，可用于品种改良，但应注意对抗病性的选择、提高出籽率和产量。

种质名称：立寨坪糯玉米

采集编号：2016453774

79. 新华糯玉米

【采集地】广西百色市隆林各族自治县。

【类型及分布】属于地方品种，糯质型，该县一些村屯有少量种植。

【主要特征特性】在南宁种植，生育期113天，全株叶22.0片，株高335.4cm，穗位高186.2cm，果穗长17.9cm，果穗粗4.0cm，穗行数12.8行，行粒数31.0粒，出籽率75.6%，千粒重250.4g，果穗锥形，籽粒白色，糯质型，轴芯白色。人工接种鉴定该品种抗纹枯病、感南方锈病，检测其籽粒蛋白质含量为14.27%、脂肪含量为3.94%、淀粉含量为64.61%。

【利用价值】主要鲜食或用于煮制玉米粥食用。该品种具有籽粒蛋白质含量高、果穗长、糯性较好等优异特性，可用于品种选育，但植株高大，应注意降低株高和穗位高、改良果穗性状、提高产量。

种质名称：新华糯玉米
采集编号：2016453776

80. 宜州白糯

【采集地】广西河池市宜州区。

【类型及分布】属于地方品种，糯质型，该区个别村屯有一定种植面积。

【主要特征特性】在南宁种植，生育期 92 天，全株叶 18.0 片，株高 193.5cm，穗位高 86.0cm，果穗长 14.2cm，果穗粗 4.4cm，穗行数 15.6 行，行粒数 33.0 粒，出籽率 84.2%，千粒重 176.7g，果穗柱形，籽粒白色，糯质型，轴芯白色。田间记载该品种高感纹枯病和南方锈病，检测其籽粒蛋白质含量为 12.37%、脂肪含量为 3.53%、淀粉含量为 70.26%。

【利用价值】主要鲜食或用于煮制玉米粥食用，品质优，食味佳。该品种较早熟、株高和穗位高适宜、籽粒淀粉含量较高、糯性较好，可直接用于生产，也可用于品种选育，但应注意对抗病性的选择与改良。

种质名称：宜州白糯
采集编号：2016453777

81. 尖山本地糯

【采集地】广西来宾市兴宾区。

【类型及分布】属于地方品种，糯质型，该区个别村屯有零星种植。

【主要特征特性】在南宁种植，生育期 100 天，全株叶 19.0 片，株高 240.0cm，穗位高 126.2cm，果穗长 14.1cm，果穗粗 4.4cm，穗行数 13.4 行，行粒数 31.0 粒，出籽率 83.8%，千粒重 234.8g，果穗柱形，籽粒白色，糯质型，轴芯白色。田间记载该品种高感纹枯病和南方锈病，检测其籽粒蛋白质含量为 13.10%、脂肪含量为 4.24%、淀粉含量为 68.38%。

【利用价值】主要鲜食或用于煮制玉米粥食用，糯性好，品质优，食味佳。该品种具有吐丝快、整齐等特性，可用于品种选育，但应注意对抗病性的选择。

种质名称：尖山本地糯
采集编号：2016453779

82. 庆兰本地糯

【采集地】广西百色市平果市。

【类型及分布】属于地方品种，糯质型，该市个别村屯有零星种植。

【主要特征特性】在南宁种植，生育期82天，全株叶20.0片，株高288.0cm，穗位高151.6cm，果穗长15.2cm，果穗粗3.5cm，穗行数12.6行，行粒数31.0粒，出籽率86.1%，千粒重185.1g，果穗锥形，籽粒白色，糯质型，轴芯白色。田间记载该品种高感纹枯病和南方锈病，检测其籽粒蛋白质含量为12.47%、脂肪含量为4.91%、淀粉含量为69.55%。

【利用价值】主要鲜食，也可用于煮制玉米粥、制作糍粑食用。该品种具有极早熟、结实性较好、糯性优、品质较优、植株高大、果穗偏小等特性，可用于糯玉米品种选育，但应改良植株性状和果穗性状、提高抗病性。

种质名称：庆兰本地糯
采集编号：2017451262

83. 塘连糯玉米

【采集地】广西百色市平果市。

【类型及分布】属于地方品种，糯质型，该市个别村屯有零星种植。

【主要特征特性】在南宁种植，生育期95天，全株叶23.0片，株高322.4cm，穗位高190.2cm，果穗长13.2cm，果穗粗4.2cm，穗行数13.0行，行粒数25.0粒，出籽率76.2%，千粒重177.3g，果穗锥形，籽粒白色，糯质型，轴芯白色。田间记载该品种感纹枯病，检测其籽粒蛋白质含量为12.44%、脂肪含量为3.79%、淀粉含量为68.12%。

【利用价值】主要鲜食，也可用于煮制玉米粥、制作糍粑食用。该品种具有结实性好、籽粒大、糯性好、品质优等特性，可用于糯玉米品种选育。

种质名称：塘连糯玉米
采集编号：2017451272

84. 岜木糯玉米

【采集地】广西百色市乐业县。

【类型及分布】属于地方品种，糯质型，该县个别村屯有零星种植。

【主要特征特性】在南宁种植，生育期86天，全株叶23.0片，株型披散，株高319.6cm，穗位高200.8cm，果穗长12.2cm，果穗粗3.1cm，穗行数11.6行，行粒数24.0粒，出籽率60.5%，千粒重149.5g，果穗锥形，籽粒白色，糯质型，轴芯白色。经检测，该品种籽粒蛋白质含量为14.48%、脂肪含量为4.08%、淀粉含量为63.79%。

【利用价值】主要食用或用作饲料。该品种结实性较差，用于品种改良时应注意对抗病性的选择、提高出籽率和产量。

种质名称：岜木糯玉米
采集编号：2017453001

85. 江洞糯玉米

【采集地】广西百色市田林县。

【类型及分布】属于地方品种，糯质型，该县一些村屯有少量种植。

【主要特征特性】在南宁种植，生育期87天，全株叶21.0片，株高316.0cm，穗位高181.0cm，果穗长12.5cm，果穗粗3.6cm，穗行数11.0行，行粒数19.0粒，出籽率65.2%，千粒重192.4g，果穗锥形，籽粒白色，糯质型，轴芯白色。田间记载该品种高感纹枯病，检测其籽粒蛋白质含量为14.30%、脂肪含量为4.18%、淀粉含量为63.94%。

【利用价值】主要鲜食或用于煮制玉米粥食用，糯性好，食味佳。该品种具有早熟性较好、植株高大、籽粒大、籽粒蛋白质含量高等特性，可用于品种选育，但要注意对抗病性的改良。

种质名称：江洞糯玉米
采集编号：2017453016

86. 三帮糯玉米

【采集地】广西百色市田林县。

【类型及分布】属于地方品种，糯质型，该县个别村屯有零星种植。

【主要特征特性】在南宁种植，生育期87天，全株叶24.0片，株型披散，株高311.8cm，穗位高189.2cm，果穗长13.2cm，果穗粗3.5cm，穗行数13.2行，行粒数26.0粒，出籽率66.0%，千粒重129.8g，果穗锥形，籽粒白色，糯质型，轴芯白色。经检测，该品种籽粒蛋白质含量为14.74%、脂肪含量为3.79%、淀粉含量为65.58%。

【利用价值】主要食用或用作饲料。该品种结实性较差，用于品种改良时应注意对抗病性的选择、提高出籽率和产量。

种质名称：三帮糯玉米
采集编号：2017453021

87. 秀花糯玉米

【采集地】广西百色市田林县。

【类型及分布】属于地方品种，糯质型，该县一些村屯有少量种植。

【主要特征特性】在南宁种植，生育期 82 天，全株叶 18.6 片，株高 223.6cm，穗位高 102.2cm，果穗长 11.8cm，果穗粗 3.7cm，穗行数 15.6 行，行粒数 27.6 粒，果穗锥形，籽粒白色，糯质型，轴芯白色，秃尖长 0.6cm。田间记载该品种高感纹枯病、感南方锈病，检测其籽粒蛋白质含量为 11.58%、脂肪含量为 3.81%、淀粉含量为 70.63%。

【利用价值】由农户自行留种，以鲜食为主，也用于制作糍粑食用。该品种具有早熟、株高和穗位高较适宜等特性，可用于品种选育，但应注意对抗病性的选择。

种质名称：秀花糯玉米
采集编号：2017453023

种质名称：秀花糯玉米
采集编号：2017453023

88. 六丹糯玉米

【采集地】广西百色市田林县。

【类型及分布】属于地方品种，糯质型，该县个别村屯有零星种植。

【主要特征特性】在南宁种植，生育期 87 天，全株叶 21.6 片，株高 339.0cm，穗位高 190.4cm，果穗长 12.0cm，果穗粗 3.7cm，穗行数 12.0 行，行粒数 21.4 粒，果穗锥形，籽粒白色，糯质型，轴芯白色，秃尖长 0.9cm。人工接种鉴定该品种中抗纹枯病、感南方锈病，检测其籽粒蛋白质含量为 14.01%、脂肪含量为 4.25%、淀粉含量为 67.92%。

【利用价值】由农户自行留种、自产自销，以鲜食为主，也用于制作糍粑食用。该品种早熟性好、品质较好，可用于品种选育，但应注意对南方锈病抗性的选择、降低株高和穗位高。

种质名称：六丹糯玉米
采集编号：2017453027

89. 古丹糯玉米

【采集地】广西柳州市融安县。

【类型及分布】属于地方品种，糯质型，该县一些村屯有少量种植。

【主要特征特性】在南宁种植，生育期 87 天，全株叶 19.2 片，株高 277.6cm，穗位高 143.4cm，果穗长 13.1cm，果穗粗 4.0cm，穗行数 13.8 行，行粒数 31.0 粒，果穗锥形，籽粒白色，糯质型，轴芯白色，秃尖长 0.9cm。田间记载该品种高感纹枯病和南方锈病，检测其籽粒蛋白质含量为 12.69%、脂肪含量为 4.05%、淀粉含量为 69.25%。

【利用价值】由农户自行留种，以鲜食为主，也用于制作糍粑食用。该品种具有早熟、株高和穗位高较适宜、品质较好、糯性较佳等特性，用于品种选育时应注意对抗病性的选择。

90. 古丹本地糯

【采集地】广西柳州市融安县。

【类型及分布】属于地方品种，糯质型，该县个别村屯有零星种植。

【主要特征特性】在南宁种植，生育期84天，全株叶19.2片，株高294.4cm，穗位高161.0cm，果穗长14.8cm，果穗粗4.1cm，穗行数12.4行，行粒数36.6粒，果穗锥形，籽粒白色，糯质型，轴芯白色，秃尖长0.4cm。人工接种鉴定该品种高感纹枯病和南方锈病，检测其籽粒蛋白质含量为12.50%、脂肪含量为4.23%、淀粉含量为69.56%。

【利用价值】由农户自行留种，以鲜食为主，也用于制作糍粑食用。该品种具有早熟性好、结实率高、糯性较好、植株高大等特性，用于品种选育时应注意改良植株性状、对抗病性的选择。

种质名称：古丹本地糯
采集编号：2017453037

91. 匡里糯玉米

【采集地】广西柳州市三江侗族自治县。

【类型及分布】属于地方品种，糯质型，该县个别村屯有零星种植。

【主要特征特性】在南宁种植，生育期 84 天，全株叶 20.0 片，株高 240.2cm，穗位高 124.8cm，果穗长 13.4cm，果穗粗 3.9cm，穗行数 13.8 行，行粒数 29.0 粒，出籽率 86.4%，千粒重 197.5g，果穗柱形，籽粒白色、杂有少量紫色和黄色，糯质型，轴芯白色。田间记载该品种高感纹枯病、中抗南方锈病，检测其籽粒蛋白质含量为12.55%、脂肪含量为 4.11%、淀粉含量为 69.99%。

【利用价值】主要鲜食，也用于制作糍粑或汤圆食用。该品种早熟性好、轴芯小、出籽率高，用于品种选育时应注意对抗病性的选择，同时降低株高和穗位高。

种质名称：匡里糯玉米
采集编号：2017453045

92. 九岜早糯苞谷

【采集地】广西柳州市三江侗族自治县。

【类型及分布】属于地方品种，糯质型，该县一些村屯有少量种植。

【主要特征特性】在南宁种植，生育期 84 天，全株叶 20.0 片，株高 237.0cm，穗位高 144.0cm，果穗长 15.8cm，果穗粗 3.9cm，穗行数 12.0 行，行粒数 31.0 粒，出籽率 84.6%，千粒重 186.2g，果穗柱形，籽粒白色，糯质型，轴芯白色。田间记载该品种感纹枯病，检测其籽粒蛋白质含量为 13.20%、脂肪含量为 4.05%、淀粉含量为 69.11%。

【利用价值】主要鲜食，也用于制作糍粑或汤圆食用。该品种早熟性好、出籽率高、品质较好，用于品种选育时应注意对抗病性的选择，同时降低穗位高。

种质名称：九岜早糯苞谷
采集编号：2017453048

种质名称：九岜早糯苞谷
采集编号：2017453048

93. 三帮本地糯

【采集地】广西百色市田林县。

【类型及分布】属于地方品种，糯质型，该县一些村屯有少量种植。

【主要特征特性】在南宁种植，生育期90天，全株叶23.0片，株高339.4cm，穗位高214.2cm，果穗长11.9cm，果穗粗4.0cm，穗行数13.0行，行粒数23.0粒，出籽率77.0%，千粒重199.6g，果穗柱形，籽粒白色、杂有黄色，糯质型，轴芯白色。经检测，该品种籽粒蛋白质含量为14.00%、脂肪含量为3.50%、淀粉含量为66.45%。

【利用价值】由农户自行留种，主要鲜食，也可用于制作糍粑、煮制玉米粥食用。该品种早熟性较好，但植株和穗位太高、产量性状一般，可作为种质资源保存。

种质名称：三帮本地糯
采集编号：2017453065

94. 贤民糯玉米

【采集地】广西崇左市天等县。

【类型及分布】属于地方品种，糯质型，该县个别村屯有零星种植。

【主要特征特性】在南宁种植，生育期95天，全株叶24.0片，株高302.2cm，穗位高176.4cm，果穗长13.5cm，果穗粗3.5cm，穗行数13.4行，行粒数34.0粒，出籽率84.7%，千粒重201.5g，果穗锥形，籽粒白色，糯质型，轴芯白色。人工接种鉴定该品种抗纹枯病、感南方锈，检测其籽粒蛋白质含量为14.38%、脂肪含量为4.44%、淀粉含量为66.55%。

【利用价值】主要鲜食，也可用于煮制玉米粥、制作糍粑食用。该品种具有植株高大、结实性较好、糯性好、籽粒蛋白质含量较高、品质优等特性，可用于糯玉米品种选育，但应注意改良植株性状、提高抗病性。

95. 克长糯玉米

【采集地】广西百色市隆林各族自治县。

【类型及分布】属于地方品种，糯质型，该县个别村屯有零星种植。

【主要特征特性】在南宁种植，生育期90天，全株叶24.0片，株型披散，株高326.4cm，穗位高186.6cm，果穗长16.6cm，果穗粗3.3cm，穗行数10.4行，行粒数15.0粒，出籽率63.6%，千粒重195.7g，果穗锥形，籽粒白色，糯质型，轴芯白色。

【利用价值】主要食用或用作饲料。该品种果穗较长、结实性较差，可作为种质资源进行保存。

种质名称：克长糯玉米
采集编号：2017453069

96. 忻城糯玉米

【采集地】广西来宾市忻城县。

【类型及分布】属于地方品种，糯质型，该县有较多农户种植。

【主要特征特性】在南宁种植，生育期 82 天，全株叶 19.2 片，株高 249.8cm，穗位高 115.8cm，果穗长 13.8cm，果穗粗 4.0cm，穗行数 15.4 行，行粒数 27.8 粒，果穗锥形，籽粒白色，糯质型，轴芯白色。经检测，该品种籽粒蛋白质含量为 12.36%、脂肪含量为 4.24%、淀粉含量为 69.26%。

【利用价值】主要由农户自行留种、自产自销，用于煮制糯玉米粥、制作糍粑等食用。该品种早熟性好、株高和穗位高适宜、适应性广、丰产性较好、糯性优，目前生产上还在直接应用，也可用于品种改良和选育，但应注意提高抗病性和产量。

种质名称：忻城糯玉米
采集编号：2017453077

97. 东风糯玉米

【采集地】广西河池市凤山县。

【类型及分布】属于地方品种，糯质型，该县一些村屯有少量种植。

【主要特征特性】在南宁秋季种植，生育期93天，株高228.5cm，穗位高115.6cm，果穗长11.6cm，果穗粗3.0cm，穗行数10.2行，行粒数20.4粒，出籽率80.3%，千粒重147.0g，果穗柱形，籽粒白色，糯质型，轴芯白色。

【利用价值】由农户自行留种，多数用于煮制玉米粥、制作糍粑食用，少量用作饲料。该品种糯性较好，可用于品种选育，但应注意改良抗病性和植株性状。

种质名称：东风糯玉米
采集编号：2018453005

98.大平糯苞谷

【采集地】广西河池市凤山县。

【类型及分布】属于地方品种，糯质型，该县个别村屯有零星种植。

【主要特征特性】在南宁秋季种植，生育期90天，株高219.0cm，穗位高116.5cm，果穗长11.4cm，果穗粗3.7cm，穗行数12.8行，行粒数24.3粒，出籽率79.2%，千粒重160.5g，果穗锥形，籽粒白色，糯质型，轴芯白色。

【利用价值】由农户自行留种，主要鲜食或用于制作糍粑食用，少量用作饲料。该品种早熟性较好，可用于品种选育，但应注意改良抗病性和植株性状。

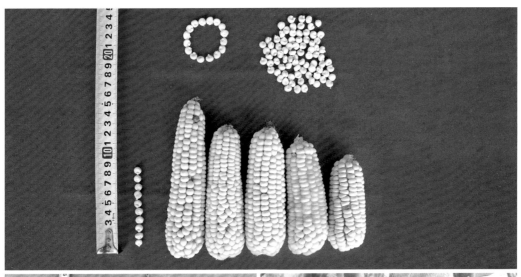

种质名称：大平糯苞谷
采集编号：2018453008

99. 同乐糯苞谷

【采集地】广西河池市凤山县。

【类型及分布】属于地方品种，糯质型，该县个别村屯有零星种植。

【主要特征特性】在南宁秋季种植，生育期 90 天，株高 269.2cm，穗位高 125.9cm，果穗长 11.3cm，果穗粗 3.6cm，穗行数 12.2 行，行粒数 24.4 粒，出籽率 82.0%，千粒重 142.0g，果穗锥形，籽粒白色、杂有少量紫色和黄色，糯质型，轴芯白色。

【利用价值】由农户自行留种，主要鲜食或用于制作糍粑食用，少量用作饲料。该品种早熟性好，用于品种选育时应注意改良抗病性和果穗性状、降低株高和穗位高。

种质名称：同乐糯苞谷
采集编号：2018453011

100. 隆明本地糯

【采集地】广西河池市东兰县。

【类型及分布】属于地方品种，糯质型，该县个别村屯有零星种植。

【主要特征特性】在南宁秋季种植，生育期 90 天，株高 209.0cm，穗位高 96.8cm，果穗长 12.0cm，果穗粗 3.4cm，穗行数 11.0 行，行粒数 19.0 粒，出籽率 76.1%，千粒重 234.5g，果穗柱形，籽粒白色，糯质型，轴芯白色。

【利用价值】
由农户自行留种，主要鲜食或用于制作糍粑食用，少量用作饲料。该品种具有早熟性较好、株高和穗位高适宜等特点，用于品种选育时应注意改良抗病性和果穗性状、提高产量潜力。

种质名称：隆明本地糯
采集编号：2018453015

101. 定安糯玉米

【采集地】广西河池市东兰县。

【类型及分布】属于地方品种，糯质型，该县一些村屯有少量种植。

【主要特征特性】在南宁种植，生育期 90 天，全株叶 21.7 片，株高 248.0cm，穗位高 125.7cm，果穗长 11.4cm，果穗粗 3.45cm，穗行数 12.4 行，行粒数 21.5 粒，果穗锥形，籽粒白色、杂有少量黄色，糯质型，轴芯白色，秃尖长 0.6cm。

【利用价值】以鲜食为主，也用于制作糍粑食用。该品种较早熟、品质好，用于品种选育时应注意降低穗位高。

种质名称：定安糯玉米
采集编号：2018453018

102. 干来本地糯

【采集地】广西河池市东兰县。

【类型及分布】属于地方品种，糯质型，该县个别村屯有零星种植。

【主要特征特性】在南宁种植，生育期 90 天，全株叶 19.3 片，株高 200.0cm，穗位高 95.2cm，果穗长 12.0cm，果穗粗 3.3cm，穗行数 11.6 行，行粒数 22.8 粒，果穗锥形，籽粒白色，糯质型，轴芯白色，秃尖长 0.8cm。

【利用价值】以鲜食为主，也用于制作糍粑食用。该品种较早熟、株高和穗位高适宜，可用于品种选育。

103. 四合糯玉米

【采集地】广西河池市东兰县。

【类型及分布】属于地方品种，糯质型，该县个别村屯有零星种植。

【主要特征特性】在南宁种植，生育期92天，全株叶22.2片，株高265.0cm，穗位高142.5cm，果穗长11.7cm，果穗粗3.1cm，穗行数10.4行，行粒数25.5粒，果穗锥形，籽粒白色，糯质型，轴芯白色，秃尖长0.5cm。

种质名称：四合糯玉米
采集编号：2018453026

【利用价值】以鲜食为主，也用于制作糍粑、煮制玉米粥食用。该品种较早熟、品质好，用于品种选育时应注意降低株高和穗位高。

104. 水洞白糯

【采集地】广西河池市东兰县。

【类型及分布】属于地方品种，糯质型，该县一些村屯有少量种植。

【主要特征特性】在南宁种植，生育期 104 天，全株叶 21.5 片，株高 274.0cm，穗位高 147.9cm，果穗长 13.3cm，果穗粗 3.45cm，穗行数 12.2 行，行粒数 25.9 粒，果穗锥形，籽粒白色，糯质型，轴芯白色，秃尖长 0.5cm。经检测，该品种籽粒蛋白质含量为 11.40%、脂肪含量为 4.67%、淀粉含量为 69.54%。

【利用价值】以鲜食为主，也用于制作糍粑、煮制玉米粥食用。该品种植株高大而易倒伏，用于品种选育时应注意降低株高和穗位高。

种质名称：水洞白糯
采集编号：2018453027

种质名称：水洞白糯
采集编号：2018453027

105. 进宁本地糯

【采集地】广西崇左市天等县。

【类型及分布】属于地方品种，糯质型，该县个别村屯有零星种植。

【主要特征特性】在南宁种植，生育期 91 天，全株叶 18.6 片，株高 174.7cm，穗位高 63.3cm，果穗长 11.4cm，果穗粗 3.6cm，穗行数 13.0 行，行粒数 25.6 粒，果穗锥形，籽粒白色，糯质型，轴芯白色，秃尖长 2.0cm。

【利用价值】以鲜食为主，也用于制作糍粑食用。该品种较早熟、植株偏矮、穗位偏低，可用于品种选育，但应改良果穗性状、提高产量。

种质名称：进宁本地糯
采集编号：2018453032

106. 富藏糯玉米

【采集地】广西贵港市平南县。

【类型及分布】属于地方品种，糯质型，该县一些村屯有少量种植。

【主要特征特性】在南宁种植，生育期90天，全株叶20.0片，株高213.8cm，穗位高79.8cm，果穗长16.6cm，果穗粗4.0cm，穗行数12.0行，行粒数28.0粒，出籽率74.0%，千粒重163.0g，果穗锥形，籽粒白色，糯质型，轴芯白色。

【利用价值】主要鲜食，也可用于煮制玉米粥、制作糍粑食用。该品种具有早熟性较好、果穗长、糯性好、品质优等特性，可用于糯玉米品种选育，但应注意改良抗病性、提高产量潜力。

种质名称：富藏糯玉米
采集编号：2018453036

107. 笔头糯玉米

【**采集地**】广西贺州市昭平县。

【**类型及分布**】属于地方品种，糯质型，该县个别村屯有零星种植。

【**主要特征特性**】在南宁种植，生育期88天，全株叶19.0片，株高203.0cm，穗位高78.8cm，果穗长13.0cm，果穗粗3.4cm，穗行数11.2行，行粒数28.0粒，出籽率84.0%，千粒重148.5g，果穗锥形，籽粒白色，糯质型，轴芯白色。经检测，该品种籽粒蛋白质含量为12.85%、脂肪含量为4.94%、淀粉含量为68.29%。

【**利用价值**】主要鲜食，也可用于煮制玉米粥、制作糍粑食用。该品种具有糯性好、风味佳、品质优等特性，可用于糯玉米品种选育。

108. 珍珠早糯

【采集地】广西来宾市忻城县。

【类型及分布】属于地方品种，糯质型，该县一些村屯有一定种植面积。

【主要特征特性】在南宁种植，生育期 99 天，全株叶 21.0 片，株高 256.0cm，穗位高 126.2cm，果穗长 11.5cm，果穗粗 3.9cm，穗行数 14.6 行，行粒数 26.0 粒，出籽率 82.6%，千粒重 179.0g，果穗锥形，籽粒白色，糯质型，轴芯白色。经检测，该品种籽粒蛋白质含量为 11.89%、脂肪含量为 4.81%、淀粉含量为 68.87%。

【利用价值】主要鲜食，也可用于煮制玉米粥、制作糍粑食用。该品种结实性好、糯性好、品质优，可用于糯玉米品种选育。

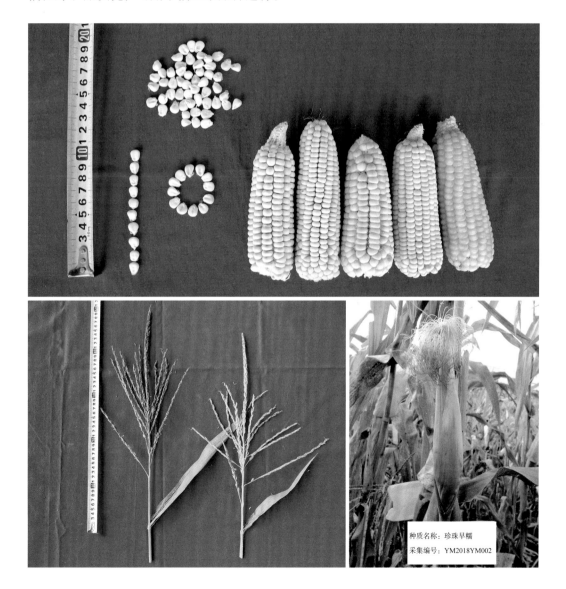

种质名称：珍珠早糯

采集编号：YM2018YM002

109. 大颗珍珠糯

【采集地】广西来宾市忻城县。

【类型及分布】属于地方品种，糯质型，该县一些村屯和社区有一定种植面积。

【主要特征特性】在南宁种植，生育期99天，全株叶21.0片，株高245.3cm，穗位高120.2cm，果穗长12.2cm，果穗粗3.9cm，穗行数16.8行，行粒数27.0粒，出籽率82.4%，千粒重206.0g，果穗锥形，籽粒白色，糯质型，轴芯白色。经检测，该品种籽粒蛋白质含量为12.01%、脂肪含量为4.50%、淀粉含量为69.32%。

【利用价值】主要鲜食，也可用于煮制玉米粥、制作糍粑食用。该品种具有籽粒大、籽粒淀粉含量较高、糯性好、风味佳、品质优等特性，生产上目前还在应用，也可用于品种选育，但应注意改良果穗性状、提高抗病性。

种质名称：大颗珍珠糯
采集编号：YM2018YM003

110. 板河小粒糯

【采集地】广西来宾市忻城县。

【类型及分布】属于地方品种，糯质型，该县一些村屯有少量种植。

【主要特征特性】在南宁种植，生育期99天，全株叶19.3片，株高215.0cm，穗位高87.1cm，果穗长12.6cm，果穗粗3.2cm，穗行数15.6行，行粒数27.8粒，果穗锥形，籽粒白色，糯质型，轴芯白色。经检测，该品种籽粒蛋白质含量为12.43%、脂肪含量为4.60%、淀粉含量为68.86%。

【利用价值】由农户自行留种、自产自销，以鲜食为主，也用于煮制玉米粥食用。该品种株高适宜、穗位较低、糯性优，可作为糯玉米改良材料使用，但应改良果穗性状、提高抗病性。

种质名称：板河小粒糯
采集编号：YM2018YM004

111. 古抗糯玉米

【采集地】广西来宾市忻城县。

【类型及分布】属于地方品种，糯质型，该县一些村屯有少量种植。

【主要特征特性】在南宁种植，生育期98天，全株叶20.6片，株高245.5cm，穗位高101.3cm，果穗长13.4cm，果穗粗4.0cm，穗行数16.2行，行粒数25.3粒，果穗锥形，籽粒白色，糯质型，轴芯白色。经检测，该品种籽粒蛋白质含量为11.83%、脂肪含量为4.76%、淀粉含量为68.89%。

【利用价值】由农户自行留种、自产自销，以鲜食为主，也用于煮制玉米粥食用。该品种株高适宜、穗位较低、糯性优，可作为糯玉米改良材料使用，应注意改良其抗病性、提高产量。

种质名称：古抗糯玉米
采集编号：YM2018YM005

112. 同乐小粒糯

【采集地】 广西来宾市忻城县。

【类型及分布】 属于地方品种，糯质型，该县一些村屯有较多农户种植。

【主要特征特性】 在南宁种植，生育期98天，全株叶19.8片，株高224.5cm，穗位高104.7cm，果穗长12.0cm，果穗粗3.3cm，穗行数13.4行，行粒数32.6粒，出籽率81.0%，千粒重132.5g，果穗锥形，籽粒白色，糯质型，轴芯白色。经检测，该品种籽粒蛋白质含量为11.93%、脂肪含量为4.92%、淀粉含量为68.27%。

【利用价值】 由农户自行留种，主要用于煮制玉米粥、制作糍粑食用。该品种具有植株较矮、穗位较低、适应性较广、糯性优等特性，该县生产上还在较大面积应用，但应提高抗病性和产量。

种质名称：同乐小粒糯
采集编号：YM2018YM008

113. 同乐大粒糯

【采集地】广西来宾市忻城县。

【类型及分布】属于地方品种，糯质型，该县一些村屯有较多农户种植，面积较大。

【主要特征特性】在南宁种植，生育期98天，全株叶20.1片，株高232.6cm，穗位高105.8cm，果穗长12.9cm，果穗粗3.8cm，穗行数14.4行，行粒数29.8粒，出籽率82.0%，千粒重183.0g，果穗锥形，籽粒白色，糯质型，轴芯白色。经检测，该品种籽粒蛋白质含量为12.48%、脂肪含量为4.63%、淀粉含量为68.14%。

【利用价值】主要由农户自行留种，主要用于煮制玉米粥、制作糍粑食用。该品种具有植株性状优良、适应性较广、结实率高、糯性优等特性，该县生产上还在较大面积应用，可以通过提纯复壮来提高抗病性和产量，也可用于品种改良和选育。

114. 木山本地糯

【采集地】广西南宁市上林县。

【类型及分布】属于地方品种，糯质型，该县一些村屯有一定种植面积。

【主要特征特性】在南宁种植，生育期 100 天，全株叶 20.4 片，株高 251.1cm，穗位高 107.7cm，果穗长 14.5cm，果穗粗 4.4cm，穗行数 12.8 行，行粒数 28.0 粒，出籽率 79.6%，千粒重 217.5g，果穗锥形，籽粒白色，糯质型，轴芯白色。经检测，该品种籽粒蛋白质含量为 11.62%、脂肪含量为 4.36%、淀粉含量为 69.36%。

【利用价值】由农户自行留种、自产自销，主要用于煮制玉米粥、制作糍粑食用。该品种植株较矮、抗倒性较好、糯性优，可用于糯玉米品种改良。

种质名称：木山本地糯
采集编号：YM2018YM012

115. 白境小糯

【采集地】广西南宁市上林县。

【类型及分布】属于地方品种，糯质型，该县有个村每个农户都有种植。

【主要特征特性】在南宁种植，生育期 96 天，全株叶 21.0 片，株高 279.5cm，穗位高 128.7cm，果穗长 13.1cm，果穗粗 4.4cm，穗行数 13.2 行，行粒数 25.4 粒，出籽率 79.6%，千粒重 247.0g，果穗锥形，籽粒白色，糯质型，轴芯白色。经检测，该品种籽粒蛋白质含量为 11.95%、脂肪含量为 4.60%、淀粉含量为 68.89%。

【利用价值】由农户自行留种，多用于煮制玉米粥、制作糍粑食用，少量用作饲料。当地居民习惯了该品种的食用品质，不接受杂交品种的食味。该品种具有食用口感好、品质较优、产量较高等特性，是一个优异的种质资源，可通过改良复壮、提高抗病性继续用于生产，也可用于品种选育以改良食用品质。

种质名称：白境小糯
采集编号：YM2018YM013

116. 白境糯玉米

【采集地】广西南宁市上林县。

【类型及分布】属于地方品种，糯质型，该县有个别村屯有较大种植面积。

【主要特征特性】在南宁秋季种植，生育期97天，株高233.2cm，穗位高116.0cm，果穗长12.6cm，果穗粗3.7cm，穗行数14.6行，行粒数24.3粒，出籽率82.1%，千粒重176.5g，果穗柱形，籽粒白色，糯质型，轴芯白色。经检测，该品种籽粒蛋白质含量为11.34%、脂肪含量为4.93%、淀粉含量为69.31%。

【利用价值】主要用于煮制玉米粥、制作糍粑食用，少量用作饲料。该品种株高和穗位高较适宜、籽粒淀粉含量较高、糯性较好、口感佳、抗病性较强、抗倒性一般，可用于糯玉米品种改良。

种质名称：白境糯玉米
采集编号：YM2018YM014

117. 云城本地糯

【采集地】广西南宁市上林县。

【类型及分布】属于地方品种，糯质型，该县个别村屯有零星种植。

【主要特征特性】在南宁秋季种植，生育期97天，株高191.4cm，穗位高87.6cm，果穗长9.7cm，果穗粗3.6cm，穗行数16.2行，行粒数24.1粒，出籽率78.2%，千粒重118.0g，果穗柱形，籽粒白色，糯质型，轴芯白色。经检测，该品种籽粒蛋白质含量为11.66%、脂肪含量为4.85%、淀粉含量为68.43%。

【利用价值】由农户自行留种，主要用于煮制玉米粥、制作糍粑食用。该品种植株较矮、穗位低，可用于品种选育，但应注意改良产量性状。

种质名称：云城本地糯
采集编号：YM2018YM015

118. 江沪土糯

【采集地】广西南宁市上林县。

【类型及分布】属于地方品种，糯质型，该县个别村屯有零星种植。

【主要特征特性】在南宁秋季种植，生育期 99 天，株高 229.8cm，穗位高 86.7cm，果穗长 13.5cm，果穗粗 3.9cm，穗行数 13.8 行，行粒数 27.2 粒，出籽率 78.8%，千粒重 196.5g，果穗柱形，籽粒白色，糯质型，轴芯白色。经检测，该品种籽粒蛋白质含量为 11.35%、脂肪含量为 4.78%、淀粉含量为 70.21%。

【利用价值】由农户自行留种，主要用于煮制玉米粥、制作糍粑食用，也用于饲喂畜禽。该品种穗位低、不易倒伏，可用于品种选育，但应注意改良产量性状。

种质名称：江沪土糯
采集编号：YM2018YM016

119. 龙贵糯玉米

【采集地】广西南宁市上林县。

【类型及分布】属于地方品种，糯质型，该县一些村屯有少量种植。

【主要特征特性】在南宁秋季种植，生育期94天，株高219.8cm，穗位高91.2cm，果穗长13.1cm，果穗粗4.3cm，穗行数15.4行，行粒数27.6粒，出籽率81.3%，千粒重182.0g，果穗柱形，籽粒白色，糯质型，轴芯白色。经检测，该品种籽粒蛋白质含量为11.58%、脂肪含量为5.32%、淀粉含量为68.00%。

【利用价值】由农户自行留种，主要用于煮制玉米粥、制作糍粑食用，少量用作饲料。该品种比较早熟、籽粒脂肪含量高、产量较高，可用于品种选育。

种质名称：龙贵糯玉米
采集编号：YM2018YM017

120. 龙贵高秆糯

【采集地】广西南宁市上林县。

【类型及分布】属于地方品种，糯质型，该县一些村屯有一定种植面积。

【主要特征特性】在南宁秋季种植，生育期 99 天，株高 243.5cm，穗位高 121.2cm，果穗长 14.0cm，果穗粗 4.9cm，穗行数 14.6 行，行粒数 29.4 粒，出籽率 80.5%，千粒重 144.5g，果穗柱形，籽粒白色，糯质型，轴芯白色。经检测，该品种籽粒蛋白质含量为 11.41%、脂肪含量为 5.06%、淀粉含量为 69.11%。

【利用价值】由农户自行留种，主要用于煮制玉米粥、制作糍粑食用，也用于饲喂畜禽。该品种籽粒脂肪和淀粉含量较高、产量较高、品质和糯性较佳，生产上有一定面积应用，用于品种改良时应提高抗病性。

种质名称：龙贵高秆糯
采集编号：YM2018YM018

121. 中可老糯

【采集地】广西南宁市上林县。

【类型及分布】属于地方品种,糯质型,该县个别村屯和社区有零星种植。

【主要特征特性】在南宁秋季种植,生育期99天,株高263.5cm,穗位高129.5cm,果穗长13.0cm,果穗粗4.0cm,穗行数14.8行,行粒数27.7粒,出籽率为80.8%,千粒重161.0g,果穗柱形,籽粒白色,糯质型,轴芯白色。经检测,该品种籽粒蛋白质含量为11.37%、脂肪含量为4.65%、淀粉含量为69.07%。

【利用价值】由农户自行留种,主要用于煮制玉米粥、制作糍粑食用,也可用于饲喂畜禽。该品种植株高大、产量一般,用于品种改良时应降低株高和穗位高,并改良产量性状。

种质名称:中可老糯
采集编号:YM2018YM020

122. 合作本地糯

【采集地】广西南宁市马山县。

【类型及分布】属于地方品种，糯质型，该县个别村屯有零星种植。

【主要特征特性】在南宁秋季种植，生育期 100 天，株高 227.2cm，穗位高 100.5cm，果穗长 13.0cm，果穗粗 4.1cm，穗行数 12.6 行，行粒数 24.8 粒，出籽率 78.6%，千粒重 245.0g，果穗柱形，籽粒白色，糯质型，轴芯白色。经检测，该品种籽粒蛋白质含量为 11.70%、脂肪含量为 4.72%、淀粉含量为 69.41%。

【利用价值】
主要用作饲料，少量用于煮制玉米粥、制作糍粑食用。该品种株高和穗位较适宜，但产量较低，用于品种选育时应注意对抗病性的选择、改良产量性状。

种质名称：合作本地糯
采集编号：YM2018YM022

123. 合作白糯

【采集地】广西南宁市马山县。

【类型及分布】属于地方品种，糯质型，该县个别村屯有零星种植。

【主要特征特性】在南宁秋季种植，生育期100天，株高203.9cm，穗位高88.2cm，果穗长13.3cm，果穗粗3.6cm，穗行数14.2行，行粒数26.0粒，出籽率84.8%，千粒重162.5g，果穗柱形，籽粒白色，糯质型，轴芯白色。经检测，该品种籽粒蛋白质含量为11.95%、脂肪含量为5.51%、淀粉含量为69.25%。

【利用价值】主要用作饲料，少量用于煮制玉米粥、制作糍粑食用。该品种株高和穗位高较适宜、籽粒脂肪含量高、出籽率较高，可用于高油品种选育，但应注意对抗病性的选择、改良产量性状。

种质名称：合作白糯
采集编号：YM2018YM024

124. 东屏土糯

【采集地】广西南宁市马山县。

【类型及分布】属于地方品种，糯质型，该县个别村屯有零星种植。

【主要特征特性】在南宁秋季种植，生育期 97 天，株高 186.6cm，穗位高 78.2cm，果穗长 13.7cm，果穗粗 3.7cm，穗行数 11.4 行，行粒数 29.6 粒，出籽率 82.0%，千粒重 189.0g，果穗柱形，籽粒白色，糯质型，轴芯白色。经检测，该品种籽粒蛋白质含量为 11.75%、脂肪含量为 4.76%、淀粉含量为 69.13%。

【利用价值】主要用作饲料，少量鲜食、用于制作糍粑食用。该品种植株较矮、穗位较低、品质较好，用于品种选育时应注意对抗病性的选择、改良产量性状。

种质名称：东屏土糯
采集编号：YM2018YM030

125. 大旺土糯

【采集地】广西南宁市马山县。

【类型及分布】属于地方品种，糯质型，该县只有个别村屯有零星种植。

【主要特征特性】在南宁秋季种植，生育期 99 天，株高 178.7cm，穗位高 65.5cm，果穗长 11.5cm，果穗粗 3.5cm，穗行数 15.4 行，行粒数 28.2 粒，出籽率 80.2%，千粒重 122.0g，果穗柱形，籽粒白色，糯质型，轴芯白色。

【利用价值】主要用作饲料，少量鲜食、用于制作糍粑食用。该品种植株较矮、穗位较低、品质较好，用于品种选育时应注意对抗病性的选择、改良产量性状。

种质名称：大旺土糯
采集编号：YM2018YM031

第二节 彩色和杂色粒糯玉米农家品种

1. 安宁黄糯

【**采集地**】广西百色市田阳区。

【**类型及分布**】属于地方品种，糯质型，该区个别村屯有零星种植。

【**主要特征特性**】在南宁种植，生育期 98 天，全株叶 20.3 片，株高 268.0cm，穗位高 140.5cm，果穗长 12.0cm，果穗粗 4.3cm，穗行数 12.6 行，行粒数 20.2 粒，果穗柱形，籽粒淡黄色，糯质型，轴芯白色。经检测，该品种籽粒蛋白质含量为 11.34%、脂肪含量为 3.93%、淀粉含量为 71.11%。

【**利用价值**】由农户自行留种，主要用于煮制玉米粥、制作糍粑食用。该品种籽粒淀粉含量高、糯性优、适应性较广，是一个高淀粉优异种质，可用于选育高淀粉优良品种。

种质名称：安宁黄糯
采集编号：P451021006

2. 陇位黄糯

【采集地】广西百色市德保县。

【类型及分布】属于地方品种，糯质型，该县个别村屯有零星种植。

【主要特征特性】在南宁种植，生育期84天，全株叶21.0片，株型披散，株高270.0cm，穗位高161.6cm，果穗长11.7cm，果穗粗3.7cm，穗行数11.4行，行粒数23.0粒，出籽率80.6%，千粒重264.8g，果穗锥形，籽粒淡黄色，糯质型，轴芯白色。经检测，该品种籽粒蛋白质含量为13.07%、脂肪含量为3.95%、淀粉含量为67.60%。

【利用价值】主要食用或用作饲料。该品种早熟性好、果穗较长，用于品种改良时要注意对抗病性的选择、提高出籽率和产量。

种质名称：陇位黄糯

采集编号：P451024013

3. 委尧黄糯

【采集地】广西百色市隆林各族自治县。

【类型及分布】属于地方品种，糯质型，该县一些村屯有少量种植。

【主要特征特性】在南宁种植，生育期 107 天，全株叶 19.6 片，株高 267.2cm，穗位高 127.6cm，果穗长 15.2cm，果穗粗 4.0cm，穗行数 13.4 行，行粒数 29.6 粒，出籽率 83.1%，千粒重 262.0g，果穗柱形，籽粒黄色，糯质型，轴芯白色，秃尖长 0.7cm。人工接种鉴定该品种中抗纹枯病和南方锈病，检测其籽粒蛋白质含量为 13.43%、脂肪含量为 4.18%、淀粉含量为 67.63%。

【利用价值】由农户自行留种，主要以鲜食或煮制玉米粥食用为主，也用于饲喂畜禽。该品种具有品质好、糯性好、食味佳、产量较高等特性，可用于品种改良。

4. 那地花糯

【采集地】广西百色市隆林各族自治县。

【类型及分布】属于地方品种，糯质型，该县个别村屯有零星种植。

【主要特征特性】在南宁种植，生育期108天，全株叶20.8片，株高298.0cm，穗位高172.0cm，果穗长17.4cm，果穗粗3.8cm，穗行数11.2行，行粒数28.6粒，果穗锥形，籽粒花色，糯质型，轴芯白色，秃尖长1.4cm。人工接种鉴定该品种抗纹枯病、中抗南方锈病，检测其籽粒蛋白质含量为12.65%、脂肪含量为4.54%、淀粉含量为64.01%。

【利用价值】由农户自行留种，以鲜食为主，可用于烧烤，有时也用于饲喂畜禽。该品种抗病性较强、果穗长，但结实性较差，可用于品种选育，但应降低株高和穗位高、改良果穗性状。

5. 交其花糯

【采集地】广西桂林市龙胜各族自治县。

【类型及分布】属于地方品种，糯质型，该县一些村屯有少量种植。

【主要特征特性】在南宁种植，生育期 92 天，全株叶 17.2 片，株高 154cm，穗位高 72.5cm，果穗长 12.3cm，果穗粗 3.9cm，穗行数 13.8 行，行粒数 26.4 粒，出籽率 85.9%，千粒重 188.5g，果穗锥形，籽粒紫色、杂有少量白色，糯质型，轴芯白色。田间记载该品种高感纹枯病、中抗南方锈病，检测其籽粒蛋白质含量为 13.45%、脂肪含量为 3.78%、淀粉含量为 69.48%。

【利用价值】主要用作饲料，有时也鲜食或用于制作糍粑食用。该品种具有籽粒淀粉含量较高、黏性较好、食味口感较好、较早熟、出籽率高、株高较适宜等特性，用于品种选育时应注意对纹枯病抗性和穗位高的选择。

种质名称：交其花糯
采集编号：2016452533

6. 者艾黄糯

【采集地】广西百色市隆林各族自治县。

【类型及分布】属于地方品种，糯质型，该县个别村屯有零星种植。

【主要特征特性】在南宁种植，生育期102天，全株叶21.0片，株型披散，株高262.5cm，穗位高165.3cm，果穗长9.0cm，果穗粗2.5cm，穗行数10.6行，行粒数24.0粒，出籽率68.0%，千粒重205.0g，果穗锥形，籽粒黄色，糯质型，轴芯白色。经检测，该品种籽粒蛋白质含量为14.16%、脂肪含量为4.12%、淀粉含量为67.11%。

【利用价值】主要食用或用作饲料。该品种果穗较短小、结实性差，可作为种质资源进行保存。

种质名称：者艾黄糯
采集编号：2016453340

种质名称：者艾黄糯
采集编号：2016453340

7. 三冲花糯

【采集地】广西百色市隆林各族自治县。

【类型及分布】属于地方品种，糯质型，该县个别村屯有零星种植。

【主要特征特性】在南宁种植，生育期 103 天，全株叶 20.3 片，株高 306.0cm，穗位高 150.9cm，果穗长 13.1cm，果穗粗 4.4cm，穗行数 12.8 行，行粒数 27.0 粒，果穗锥形，籽粒花色，糯质型，轴芯白色。经检测，该品种籽粒蛋白质含量为 13.27%、脂肪含量为 3.97%、淀粉含量为 67.83%。

【利用价值】由农民自行留种，可用作饲料喂养畜禽，也用于煮制玉米粥、制作糍粑或烧烤。该品种植株较高、抗倒性较差、糯性优、适应性广、抗纹枯病、中抗南方锈病，可用作花糯玉米改良材料。

种质名称：三冲花糯
采集编号：2016453368

8. 冷独黄糯

【采集地】广西百色市隆林各族自治县。

【类型及分布】属于地方品种，糯质型，该县一些村屯有少量种植。

【主要特征特性】在南宁种植，生育期105天，全株叶21.4片，株高300.0cm，穗位高165.3cm，果穗长14.6cm，果穗粗4.2cm，穗行数15.4行，行粒数29.6粒，果穗柱形，籽粒黄色，糯质型，轴芯白色。经检测，该品种籽粒蛋白质含量为14.03%、脂肪含量为3.78%、淀粉含量为67.26%。

【利用价值】由农户自行留种，主要用作饲料，也用作口粮，用于煮制玉米粥。该品种适应性广、结实率高、品质较好、糯性不明显，感南方锈病，可作为普通玉米改良材料。

种质名称：冷独黄糯
采集编号：2016453371

9. 金平花糯

【采集地】广西百色市隆林各族自治县。

【类型及分布】属于地方品种，糯质型，该县个别村屯有零星种植。

【主要特征特性】在南宁种植，生育期 99 天，全株叶 20.0 片，株型中间型，株高 263.7cm，穗位高 126.1cm，果穗长 13.8cm，果穗粗 3.4cm，穗行数 11.6 行，行粒数 20.0 粒，出籽率 65.0%，千粒重 242.0g，果穗锥形，籽粒紫色、杂有少量白色，糯质型，轴芯白色。经检测，该品种籽粒蛋白质含量为 13.52%、脂肪含量为 4.44%、淀粉含量为 66.77%。

【利用价值】主要用作饲料，有时也用于烧烤。该品种籽粒蛋白质含量较高，可用于品种改良，但应注意对抗病性的选择、提高出籽率和产量。

10. 雅口黄糯玉米

【采集地】广西百色市隆林各族自治县。

【类型及分布】属于地方品种，糯质型，该县个别村屯有零星种植。

【主要特征特性】在南宁种植，生育期 100 天，全株叶 19.1 片，株高 234.4cm，穗位高 113.4cm，果穗长 12.3cm，果穗粗 3.4cm，穗行数 12.6 行，行粒数 24.8 粒，果穗锥形，籽粒黄色、杂有紫色，糯质型，轴芯白色。田间记载该品种高感南方锈病，检测其籽粒蛋白质含量为 13.11%、脂肪含量为 3.90%、淀粉含量为 68.22%。

【利用价值】由农户自行留种，主要用作饲料，也可用于煮制玉米粥食用。该品种株高和穗位高较适宜、抗倒性较好、糯性优、适应性较广，可用于品种选育，但应注意改良果穗性状、提高抗病性。

11. 建新白花糯

【采集地】广西桂林市龙胜各族自治县。

【类型及分布】属于地方品种，糯质型，该县一些村屯有少量种植。

【主要特征特性】在南宁种植，生育期 92 天，全株叶 19.0 片，株型披散，株高 230.0cm，穗位高 108.2cm，果穗长 12.0cm，果穗粗 4.4cm，穗行数 14.8 行，行粒数 24.0 粒，出籽率 85.6%，千粒重 250.5g，果穗柱形，花丝粉红色或绿色，籽粒花色，糯质型，轴芯白色。田间记载该品种感纹枯病和南方锈病，检测其籽粒蛋白质含量为 12.16%、脂肪含量为 3.77%、淀粉含量为 70.64%。

【利用价值】主要鲜食，也可用于饲喂牲畜。该品种具有出籽率高、籽粒淀粉含量较高、糯性好、品质优、食味佳等特性，可用于品种选育，但应注意改良抗病性。

12. 常么花糯

【采集地】广西百色市隆林各族自治县。

【类型及分布】属于地方品种，糯质型，该县一些村屯有一定种植面积。

【主要特征特性】在南宁种植，生育期 113 天，全株叶 23.0 片，株高 313.6cm，穗位高 167.2cm，果穗长 15.2cm，果穗粗 4.4cm，穗行数 15.2 行，行粒数 33.0 粒，出籽率 74.0%，千粒重 236.6g，果穗锥形，籽粒花色或白色，糯质型，轴芯白色。田间记载该品种抗纹枯病、感南方锈病，检测其籽粒蛋白质含量为 12.94%、脂肪含量为 4.27%、淀粉含量为 67.35%。

【利用价值】由农户自行留种，主要鲜食，也用于煮制玉米粥、烧烤食用，有时也用作饲料。该品种糯性较好，当地农户还在集市上出售种子，可用于品种选育，但应注意改良植株性状、对抗病性的选择。

种质名称：常么花糯
采集编号：2016453780

13. 江洞花糯

【采集地】广西百色市田林县。

【类型及分布】属于地方品种，糯质型，该县一些村屯有少量种植。

【主要特征特性】在南宁种植，生育期 90 天，全株叶 22.0 片，株高 329.4cm，穗位高 182.4cm，果穗长 11.8cm，果穗粗 3.0cm，穗行数 10.8 行，行粒数 11.0 粒，出籽率 55.5%，千粒重 147.0g，果穗锥形，籽粒白色和紫色，糯质型，轴芯白色。田间记载该品种感纹枯病，检测其籽粒蛋白质含量为 14.48%、脂肪含量为 4.48%、淀粉含量为 65.54%。

【利用价值】主要鲜食或用于煮制玉米粥食用，也可用于饲喂牲畜。该品种具有籽粒蛋白质含量高、品质好、糯性好、食味佳等特性，可用于选育优质品种，但应降低株高和穗位高、改良果穗性状、提高抗病性和产量。

种质名称：江洞花糯

采集编号：2017453017

14. 高岩黑糯

【采集地】广西柳州市三江侗族自治县。

【类型及分布】属于地方品种，糯质型，该县个别村屯有零星种植。

【主要特征特性】在南宁种植，生育期84天，全株叶18.0片，株高225.4cm，穗位高144.2cm，果穗长13.1cm，果穗粗4.1cm，穗行数14.0行，行粒数25.0粒，出籽率85.4%，千粒重257.2g，果穗柱形，籽粒黑紫色或紫色、杂有少量白色，糯质型，轴芯白色。田间记载该品种病害较重，检测其籽粒蛋白质含量为12.96%、脂肪含量为4.09%、淀粉含量为69.28%。

【利用价值】主要鲜食，也可用于制作糍粑或汤圆食用。该品种具有早熟性好、品质较好、糯性较佳、轴芯较小、出籽率高等特性，用于品种选育时应注意对抗病性的选择，并改良植株性状。

15. 同乐花糯苞谷

【采集地】广西河池市凤山县。

【类型及分布】属于地方品种，糯质型，该县个别村屯有零星种植。

【主要特征特性】在南宁秋季种植，生育期91天，株高231.8cm，穗位高119.2cm，果穗长7.8cm，果穗粗3.7cm，穗行数12.0行，行粒数24.9粒，出籽率82.7%，千粒重154.0g，果穗柱形，籽粒紫黑色或紫红色、杂有少量白色，糯质型，轴芯白色。

【利用价值】由农户自行留种，主要鲜食或用于制作糍粑食用，少量用作饲料。目前没有发现突出的可利用性状，可作为种质资源保存。

种质名称：同乐花糯苞谷
采集编号：2018453009

16. 隆通糯玉米

【采集地】广西河池市东兰县。

【类型及分布】属于地方品种，糯质型，该县个别村屯有零星种植。

【主要特征特性】在南宁秋季种植，生育期 91 天，株高 214.1cm，穗位高 98.5cm，果穗长 11.9cm，果穗粗 3.2cm，穗行数 10.2 行，行粒数 19.0 粒，出籽率 78.3%，千粒重 183.0g，果穗锥形、籽粒白色、杂有少量紫色或黄色，糯质型，轴芯白色。

【利用价值】由农户自行留种，主要鲜食或用于制作糍粑食用，少量用作饲料。该品种具有早熟性较好、株高和穗位高适宜等特点，用于品种选育时应注意改良抗病性和果穗性状、提高产量潜力。

种质名称：隆通糯玉米
采集编号：2018453013

第四章
广西爆裂玉米种质资源

第一节 黄粒爆裂玉米农家品种

1. 爆裂玉米

【采集地】广西来宾市兴宾区。

【类型及分布】属于地方品种，爆裂型，收集于20世纪80年代，生产上没有种植。

【主要特征特性】在南宁种植，生育期95天，全株叶18.3片，株高169.9cm，穗位高101.9cm，果穗长7.9cm，果穗粗2.0cm，穗行数11.9行，行粒数15.7粒，出籽率56.2%，千粒重55.8g，果穗锥形，籽粒黄色、米粒形，爆裂型，轴芯白色，膨化倍数12.9，膨爆率77.2%。

【利用价值】主要用于制作爆米花食用。该品种幼苗芽鞘绿色，植株分蘖弱，用于品种改良和选育时应慎重。

种质名称：爆裂玉米
采集编号：200572

2. 多苞爆花玉米

【采集地】广西桂林市兴安县。

【类型及分布】属于地方品种，爆裂型，收集于 20 世纪 80 年代，生产上没有种植。

【主要特征特性】在南宁种植，生育期 105 天，全株叶 20.2 片，株高 226.2cm，穗位高 127.7cm，果穗长 10.2cm，果穗粗 3.0cm，穗行数 13.9 行，行粒数 22.6 粒，出籽率 67.2%，千粒重 129g，平均产量 1254kg/hm^2，果穗柱形，籽粒黄色、珍珠形，爆裂型，轴芯白色，膨化倍数 12.4，膨爆率 91%。

【利用价值】主要用于制作爆米花食用。该品种幼苗芽鞘绿色，幼苗长势较强，膨化倍数和膨爆率高，可用于品种改良和选育。

种质名称：多苞爆花玉米
采集编号：200628

3. 爆米苞谷

【采集地】广西桂林市恭城瑶族自治县。

【类型及分布】属于地方品种，爆裂型，收集于 20 世纪 80 年代，生产上没有种植。

【主要特征特性】 在南宁种植，生育期 95 天，全株叶 19.4 片，株高 201.3cm，穗位高 128.4cm，果穗长 13.1cm，果穗粗 3.0cm，穗行数 14.8 行，行粒数 29.5 粒，出籽率 74.3%，千粒重 98g，平均产量 910.5kg/hm^2，果穗柱形，籽粒黄色、珍珠形，爆裂型，轴芯白色，膨化倍数 16.0，膨爆率 92.3%。

【利用价值】主要用于制作爆米花食用，有时也用作饲料。该品种幼苗芽鞘绿色，幼苗长势较强，膨化倍数和膨爆率高，可用于品种改良和选育。

种质名称：爆米苞谷

采集编号：200715

4. 多苞黄玉米

【采集地】广西桂林市恭城瑶族自治县。

【类型及分布】属于地方品种，爆裂型，收集于 20 世纪 80 年代，生产上没有种植。

【主要特征特性】在南宁种植，生育期 100 天，全株叶 20.3 片，株高 178.1cm，穗位高 109.1cm，果穗长 8.5cm，果穗粗 2.7cm，穗行数 16.0 行，行粒数 21.5 粒，出籽率 74.6%，千粒重 74.5g，果穗柱形，籽粒黄色、珍珠形，爆裂型，轴芯白色，膨化倍数 12.8，膨爆率 90.7%。

【利用价值】主要用于制作爆米花食用。该品种幼苗芽鞘绿色，幼苗长势强，籽粒色泽鲜亮，结实饱满，膨化倍数和膨爆率均较高，可用于品种改良和选育。

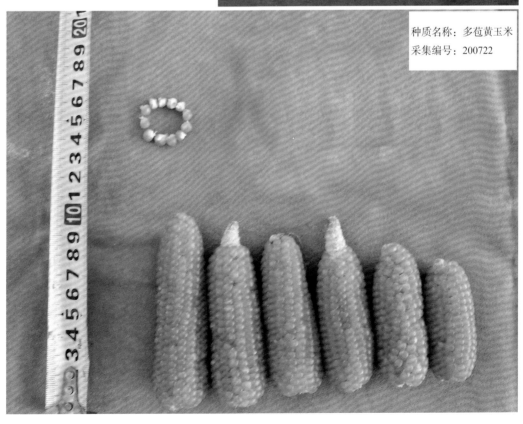

种质名称：多苞黄玉米

采集编号：200722

5. 阳朔爆花玉米

【采集地】广西桂林市阳朔县。

【类型及分布】属于地方品种，爆裂型，收集于 20 世纪 80 年代，生产上没有种植。

【主要特征特性】在南宁种植，生育期 90 天，全株叶 17.6 片，株高 197.1cm，穗位高 85.1cm，果穗长 15.5cm，果穗粗 3.6cm，穗行数 13.7 行，行粒数 31.1 粒，出籽率 74.3%，千粒重 173.2g，平均产量 1861.5kg/hm^2，果穗柱形，籽粒黄色、珍珠形，爆裂型，轴芯白色，膨化倍数 9.7，膨爆率 91.5%。

【利用价值】主要用于制作爆米花食用。该品种幼苗芽鞘绿色，幼苗长势较强，植株整齐度好，产量较高，膨爆率高，可用于品种改良和选育。

种质名称：阳朔爆花玉米
采集编号：200782

6. 多苞黄

【采集地】广西桂林市阳朔县。

【类型及分布】属于地方品种，爆裂型，收集于 20 世纪 80 年代，生产上没有种植。

【主要特征特性】在南宁种植，生育期 92 天，全株叶 18.9 片，株高 186.6cm，穗位高 120.2cm，果穗长 8.7cm，果穗粗 2.6cm，穗行数 13.6 行，行粒数 21.5 粒，出籽率 73.7%，千粒重 83.5g，果穗柱形，籽粒黄色、珍珠形，爆裂型，轴芯白色，膨化倍数 15.8，膨爆率 88.8%。

【利用价值】主要用于制作爆米花食用，有时也用于饲喂畜禽。该品种幼苗芽鞘绿色，幼苗长势较强，可用于品种改良和选育。

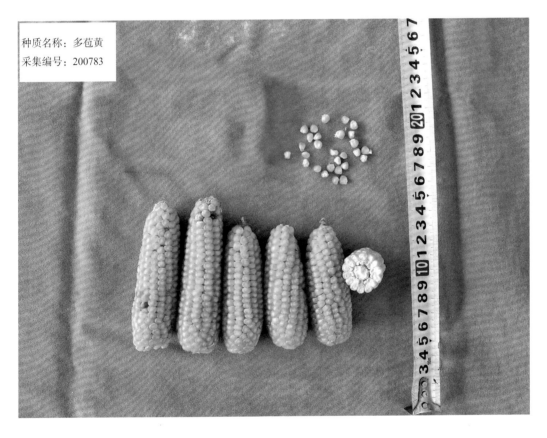

种质名称：多苞黄
采集编号：200783

7. 开山水玉米

【采集地】广西贺州市八步区。

【类型及分布】属于地方品种，爆裂型，收集于 20 世纪 80 年代，生产上没有种植。

【主要特征特性】在南宁种植，生育期 92 天，全株叶 22.2 片，株高 241cm，穗位高 146.2cm，果穗长 12.1cm，果穗粗 2.7cm，穗行数 12.4 行，行粒数 29.5 粒，出籽率 69.8%，千粒重 92.0g，平均产量 1254.0kg/hm^2，果穗柱形，籽粒淡黄色、珍珠形，爆裂型，轴芯白色，膨化倍数 10.3，膨爆率 59.7%。

【利用价值】主要用于制作爆米花食用，有时也用于饲喂畜禽。该品种幼苗芽鞘绿色，幼苗长势较强，植株分蘖强，用于品种改良和选育时应慎重。

种质名称：开山水玉米
采集编号：201045

8. 黄爆玉米

【采集地】广西桂林市阳朔县。

【类型及分布】属于地方品种，爆裂型，收集于 20 世纪 80 年代，生产上没有种植。

【主要特征特性】在南宁种植，生育期 84 天，全株叶 17.0 片，株高 196.0cm，穗位高 86.0cm，果穗长 11.5cm，果穗粗 2.8cm，穗行数 12.4 行，行粒数 19.1 粒，出籽率 61.3%，千粒重 96.0g，果穗锥形，籽粒橘黄色、珍珠形，爆裂型，轴芯白色，膨化倍数 5.4，膨爆率 61.5%。

【利用价值】该品种幼苗长势弱，植株分蘖弱，果穗小，产量低，可用于品种改良和选育。

9. 卫东爆粟

【采集地】广西玉林市兴业县。

【类型及分布】属于地方品种，爆裂型，收集于 20 世纪 80 年代，生产上没有种植。

【主要特征特性】在南宁种植，生育期 92 天，全株叶 20.0 片，株高 194.5cm，穗位高 105.8cm，果穗长 10.9cm，果穗粗 3.0cm，穗行数 14.8 行，行粒数 27.1 粒，出籽率 79.4%，千粒重 97.2g，平均产量 1222.5kg/hm^2，果穗柱形，籽粒黄色、珍珠形，爆裂型，轴芯白色，膨化倍数 14.2，膨爆率 91.0%。

【利用价值】主要用于制作爆米花食用。该品种幼苗芽鞘绿色、具紫色脉纹，幼苗长势较强，植株整齐度较好且分蘖较强，膨化倍数和膨爆率高，可用于品种改良和选育。

10. 巴香爆裂玉米

【采集地】广西南宁市隆安县。

【类型及分布】属于地方品种，爆裂型，该县一些村屯有少量种植。

【主要特征特性】在南宁种植，生育期95天，全株叶20.9片，株高268.2cm，穗位高145.4cm，果穗长15.8cm，果穗粗3.3cm，穗行数14.0行，行粒数32.9粒，出籽率72.1%，千粒重163.3g，平均产量3340.5kg/hm²，果穗锥形，籽粒黄色、珍珠形，爆裂型，轴芯白色，膨化倍数9.9，膨爆率86.7%。

【利用价值】由农户自行留种，主要用于制作爆米花食用，也可用作饲料。该品种幼苗长势强、植株整齐度较好且分蘖强、产量高、膨爆率较高，经提纯复壮后可直接用于生产和商品化，也可用于品种选育和改良。

种质名称：巴香爆裂玉米
采集编号：P450123019

11. 中南爆花玉米

【采集地】广西桂林市阳朔县。

【类型及分布】属于地方品种，爆裂型，该县个别村屯有零星种植。

【主要特征特性】在南宁种植，生育期 92 天，全株叶 18.5 片，株高 227.4cm，穗位高 128.5cm，果穗长 13.4cm，果穗粗 3.0cm，穗行数 14.8 行，行粒数 30.9 粒，出籽率 76.6%，千粒重 110.5g，平均产量 2085.0kg/hm²，果穗锥形，籽粒黄色、珍珠形，爆裂型，轴芯白色，膨化倍数 14.0，膨爆率 96.0%。经检测，该品种籽粒蛋白质含量为 12.71%、脂肪含量为 5.18%、淀粉含量为 66.30%。

【利用价值】由农户自行留种，主要用于制作爆米花食用，也可用于饲喂畜禽。该品种幼苗长势较强、植株整齐度较好且分蘗强、产量较高、膨化倍数和膨爆率高，经过提纯复壮后可直接用于生产和商品化，也可用于品种改良和选育。

12. 五月黄

【采集地】广西贺州市富川瑶族自治县。

【类型及分布】属于地方品种，爆裂型，该县个别村屯有零星种植。

【主要特征特性】在南宁种植，生育期 92 天，全株叶 18.0 片，株高 243.4cm，穗位高 115.6cm，果穗长 14.2cm，果穗粗 3.2cm，穗行数 14.4 行，行粒数 33.6 粒，出籽率 80.9%，千粒重 128.8g，平均产量 1908.0kg/hm²，果穗柱形，籽粒黄色、珍珠形，爆裂型，轴芯白色，膨化倍数 15.1，膨爆率 98.2%。

【利用价值】由农户自行留种，主要用于制作爆米花食用，也可用作饲料。该品种幼苗长势强、植株整齐度较好且分蘖强、产量较高、膨化倍数和膨爆率高，提纯复壮后可用于生产，也可作为重要材料用于品种改良和选育。

13. 冷独爆裂玉米

【**采集地**】广西百色市隆林各族自治县。

【**类型及分布**】属于地方品种，爆裂型，该县一些村屯有少量种植。

【**主要特征特性**】在南宁种植，生育期93天，全株叶19.5片，株高252.7cm，穗位高124.6cm，果穗长16.6cm，果穗粗3.3cm，穗行数12.4行，行粒数32.7粒，出籽率74.9%，千粒重182.5g，平均产量2134.5kg/hm²，果穗柱形，籽粒黄色、珍珠形，爆裂型，轴芯白色，膨化倍数11.8，膨爆率90.7%。经检测，该品种籽粒蛋白质含量为13.74%、脂肪含量为4.03%、淀粉含量为68.65%。

【**利用价值**】由农户自行留种，可用于制作爆米花食用，有时也用于饲喂畜禽。该品种幼苗长势强、产量较高、膨爆率高，可用于品种改良和选育，经过提纯复壮后也可直接用于生产和商品化。

种质名称：冷独爆裂玉米
采集编号：2016453372

14. 老鼠玉米

【采集地】广西柳州市融水苗族自治县。

【类型及分布】属于是地方品种，爆裂型，该县个别村屯有零星种植。

【主要特征特性】在南宁种植，生育期85天，全株叶21.0片，株型披散，株高195.0cm，穗位高83.3cm，果穗长11.0cm，果穗粗3.3cm，穗行数12.4行，行粒数25.0粒，出籽率65.5%，千粒重95.3g，果穗锥形，籽粒黄色，爆裂型，轴芯白色。经检测，该品种籽粒蛋白质含量为13.90%、脂肪含量为4.83%、淀粉含量为63.21%。

【利用价值】主要用于制作爆米花等食品。该品种果穗较小，产量较低，可作为种质资源保存。

种质名称：老鼠玉米
采集编号：2016453781

种质名称：老鼠玉米
采集编号：2016453781

15. 六丹爆花玉米

【采集地】广西百色市田林县。

【类型及分布】属于地方品种，爆裂型，该县个别村屯有零星种植。

【主要特征特性】在南宁种植，生育期100天，全株叶23.2片，株高261.4cm，穗位高144.7cm，果穗长10.2cm，果穗粗2.8cm，穗行数13.4行，行粒数21.1粒，出籽率48.5%，千粒重95.2g，平均产量802.5kg/hm²，果穗柱形，籽粒黄色、珍珠形，爆裂型，轴芯白色，膨化倍数10.8，膨爆率90.8%。经检测，该品种籽粒蛋白质含量为13.58%、脂肪含量为4.88%、淀粉含量为65.69%。

【利用价值】由农户自行留种，主要用于制作爆米花食用，也可用于饲喂畜禽。该品种幼苗芽鞘绿色，幼苗长势强，植株整齐度较好且分蘖较强，膨爆率高，用于品种改良和选育时应降低穗位高、改良果穗性状、提高抗病性、抗倒性和产量潜力。

种质名称：六丹爆花玉米
采集编号：2017453024

16. 六丹爆花黄

【采集地】广西百色市田林县。

【类型及分布】属于地方品种，爆裂型，该县一些村屯有少量种植。

【主要特征特性】在南宁种植，生育期 103 天，全株叶 19.6 片，株高 280.2cm，穗位高 138.5cm，果穗长 16.7cm，果穗粗 3.4cm，穗行数 13.2 行，行粒数 34.9 粒，出籽率 73.1%，千粒重 177.2g，平均产量 2796.0kg/hm^2，果穗柱形，籽粒金黄色、珍珠形，爆裂型，轴芯白色，膨化倍数 9.2，膨爆率 81.8%。经检测，该品种籽粒蛋白质含量为 12.85%、脂肪含量为 5.76%、淀粉含量为 65.67%。

【利用价值】由农户自行留种，可用于制作爆米花食用，也用于饲喂畜禽。该品种幼苗芽鞘绿色、幼苗长势强、植株分蘖较强、籽粒脂肪含量高、产量高，可直接用于生产和商品化，也可用于品种改良和选育。

种质名称：六丹爆花黄
采集编号：2017453026

17. 东岭爆花苞谷

【采集地】广西柳州市融安县。

【类型及分布】属于地方品种，爆裂型，该县个别村屯有零星种植。

【主要特征特性】在南宁种植，生育期 93 天，全株叶 18.1 片，株高 228.9cm，穗位高 105.1cm，果穗长 15.2cm，果穗粗 3.2cm，穗行数 12.2 行，行粒数 29.2 粒，出籽率 77.5%，千粒重 198.3g，平均产量 2601.0kg/hm²，果穗柱形，籽粒黄色、珍珠形，爆裂型，轴芯白色，膨化倍数 9.5，膨爆率 94.5%。经检测，该品种籽粒蛋白质含量为 13.79%、脂肪含量为 4.77%、淀粉含量为 67.81%。

【利用价值】由农户自行留种，用于节日祭祀和制作爆米花食用，也可用作饲料。该品种幼苗芽鞘绿色、幼苗长势强、植株整齐度较好且分蘖强、产量高、膨爆率高，可直接用于生产和商品化，也可用于品种改良和选育。

种质名称：东岭爆花苞谷
采集编号：2017453043

第二节　紫粒爆裂玉米农家品种

1. 兴宾爆裂种

【采集地】广西来宾市兴宾区。

【类型及分布】属于地方品种，爆裂型，收集于 20 世纪 80 年代，生产上没有种植。

【主要特征特性】在南宁种植，生育期 92 天，全株叶 19.5 片，株高 195.0cm，穗位高 121.2cm，果穗长 8.3cm，果穗粗 2.3cm，穗行数 14.2 行，行粒数 20.1 粒，出籽率 64.3%，千粒重 69.3g，果穗柱形，籽粒红色、珍珠形，爆裂型，轴芯白色，膨化倍数 13.8，膨爆率 76.2%。

【利用价值】可用于制作爆米花食用，也可用作饲料。该品种幼苗芽鞘绿色，幼苗长势较强，植株整齐度好，膨化倍数较高，爆米花渣少、口感好，用于品种改良和选育时应慎重。

种质名称：兴宾爆裂种
采集编号：200571

2. 东田爆

【采集地】广西桂林市资源县。

【类型及分布】属于地方品种，爆裂型，收集于 20 世纪 80 年代，生产上没有种植。

【主要特征特性】在南宁种植，生育期 92 天，全株叶 17.8 片，株高 181.7cm，穗位高 96.7cm，果穗长 8.0cm，果穗粗 1.9cm，穗行数 9.2 行，行粒数 21.7 粒，出籽率 76.8%，千粒重 66.0g，果穗柱形，籽粒红色、珍珠形，爆裂型，轴芯白色，膨化倍数 14.1，膨爆率 98.0%。

【利用价值】主要用于制作爆米花食用。该品种幼苗芽鞘绿色、具紫色脉纹，幼苗长势强，膨化倍数和膨爆率高，爆米花渣少、口感好，用于品种改良和选育应慎重。

种质名称：东田爆
采集编号：200689

3. 狮子爆花玉米

【**采集地**】广西桂林市恭城瑶族自治县。

【**类型及分布**】属于地方品种，爆裂型，收集于20世纪80年代，生产上没有种植。

【**主要特征特性**】在南宁种植，生育期90天，全株叶18.2片，株高204.6cm，穗位高94.7cm，果穗长12.5cm，果穗粗3.4cm，穗行数14.6行，行粒数24.5粒，出籽率78.2%，千粒重171.2g，平均产量1254.0kg/hm^2，果穗柱形，籽粒红色、珍珠形，爆裂型，轴芯白色，膨化倍数2.4，膨爆率31.7%。

【**利用价值**】用于制作爆米花食用，也可用作饲料。该品种幼苗芽鞘绿色、幼苗长势较强、植株整齐度好、膨化倍数和膨爆率低，作为爆裂玉米利用价值不大，但可以作为种质资源保存，也可用于品种改良和选育。

种质名称：狮子爆花玉米
采集编号：200720

4. 刺苞谷

【采集地】广西柳州市融水苗族自治县。

【类型及分布】属于地方品种，爆裂型，收集于 20 世纪 80 年代，生产上没有种植。

【主要特征特性】在南宁种植，生育期 92 天，全株叶 18.9 片，株高 212.9cm，穗位高 97.4cm，果穗长 14.3cm，果穗粗 3.0cm，穗行数 14.0 行，行粒数 25.7 粒，出籽率 69.4%，千粒重 128.3g，平均产量 1189.5kg/hm²，果穗锥形，籽粒红色、珍珠形，爆裂型，轴芯白色，膨化倍数 16.8，膨爆率 97.2%。

【利用价值】主要用于制作爆米花食用，传统节日也用于祭祀。该品种幼苗芽鞘绿色，幼苗长势较强，植株整齐度较好，膨化倍数和膨爆率都非常高，爆米花渣少、口感好，可用于品种改良和选育，但应提高抗病性和抗倒性、改良果穗性状。

种质名称：刺苞谷
采集编号：200838

5. 融水爆玉米

【采集地】广西柳州市融水苗族自治县。

【类型及分布】属于地方品种，爆裂型，收集于20世纪80年代，生产上没有种植。

【主要特征特性】在南宁种植，生育期105天，全株叶19.8片，株高181.7cm，穗位高88.6cm，果穗长11.3cm，果穗粗2.9cm，穗行数15.2行，行粒数25.1粒，出籽率66.8%，千粒重89.0g，平均产量1180.5kg/hm^2，果穗柱形，籽粒橘红色、米粒形，爆裂型，轴芯白色，膨化倍数13.9，膨爆率89.0%。

【利用价值】主要用于制作爆米花食用，有时也用于饲喂畜禽。该品种幼苗芽鞘绿色、幼苗长势较强、植株整齐度高、膨化倍数和膨爆率较高，可用于品种改良和选育，但应注意改良果穗性状，以及提高产量潜力、抗病性和抗倒性。

种质名称：融水爆玉米
采集编号：200839

6. 多苞红爆玉米

【采集地】广西崇左市扶绥县。

【类型及分布】属于地方品种，爆裂型，收集于 20 世纪 80 年代，生产上没有种植。

【主要特征特性】在南宁种植，生育期 92 天，全株叶 18.6 片，株高 169.0cm，穗位高 92.5cm，果穗长 9.8cm，果穗粗 2.3cm，穗行数 14.2 行，行粒数 23.5 粒，出籽率 73.9%，千粒重 59.5g，果穗锥形，籽粒红色、珍珠形，爆裂型，轴芯红色，膨化倍数 15.3，膨爆率 94.8%。

【利用价值】主要用于制作爆米花食用。该品种幼苗芽鞘绿色，幼苗长势较强，植株整齐度较好，无分蘖，膨化倍数和膨爆率高，爆米花渣少、口感好，可用于品种改良和选育，但要注意改良株型和果穗性状、增强抗病性、提高产量潜力。

种质名称：多苞红爆玉米
采集编号：201156

7. 归坪爆花玉米

【采集地】广西柳州市融水苗族自治县。

【类型及分布】属于地方品种，爆裂型，该县个别村屯有零星种植。

【主要特征特性】在南宁种植，生育期 92 天，全株叶 18.2 片，株高 195.2cm，穗位高 102.4cm，果穗长 10.6cm，果穗粗 3cm，穗行数 14.2 行，行粒数 20.4 粒，出籽率 65.2%，千粒重 96.8g，果穗锥形，籽粒红色、米粒形，爆裂型，轴芯白色，膨化倍数 11.1，膨爆率 88.0%。

【利用价值】由农户自行留种，可用于制作爆米花食用，有时也用于祭祀。该品种幼苗芽鞘绿色，幼苗长势强，植株整齐度较好且分蘖较强，膨化倍数和膨爆率较高，可用于品种改良和选育。

8. 良双爆花玉米

【采集地】广西柳州市融水苗族自治县。

【类型及分布】属于地方品种，爆裂型，该县个别村屯有零星种植。

【主要特征特性】在南宁种植，生育期 100 天，全株叶 21.0 片，株高 210.0cm，穗位高 113.4cm，果穗长 12.0cm，果穗粗 2.6cm，穗行数 12.8 行，行粒数 24.5 粒，出籽率 64.4%，千粒重 125.2g，平均产量 1051.5kg/hm²，果穗柱形，籽粒红色、珍珠形，爆裂型，轴芯白色，膨化倍数 7.9，膨爆率 70.3%。

【利用价值】由农户自行留种，可用于制作爆米花食用。该品种幼苗芽鞘绿色，幼苗长势较强，植株整齐度较好且分蘖强，可用于品种改良和选育。

9. 花孖爆花玉米

【采集地】广西柳州市融水苗族自治县。

【类型及分布】属于地方品种，爆裂型，该县个别村屯有零星种植。

【主要特征特性】在南宁种植，生育期92天，全株叶20.3片，株高185.9cm，穗位高119.1cm，果穗长9.0cm，果穗粗2.6cm，穗行数12.0行，行粒数17.9粒，出籽率56.2%，千粒重76.5g，果穗柱形，籽粒红色、珍珠形，爆裂型，轴芯红色，膨化倍数9.3，膨爆率85.8%，属于小穗小粒型爆裂玉米。经检测，该品种籽粒蛋白质含量为14.77%、脂肪含量为4.94%、淀粉含量为59.35%。

【利用价值】由农户自行留种，打油茶时用于制作爆米花食用。该品种幼苗芽鞘绿色、具紫色脉纹，幼苗长势较强，植株整齐度较好，无分蘖，籽粒蛋白质和脂肪含量较高，爆米花渣少、口感好，但产量太低、膨化倍数和膨爆率也不高，可用于品种改良和选育，但应提高产量潜力。

10. 交其爆花玉米

【采集地】广西桂林市龙胜各族自治县。

【类型及分布】属于地方品种，爆裂型，该县个别村屯有零星种植。

【主要特征特性】在南宁种植，生育期 92 天，全株叶 19.0 片，株高 214.8cm，穗位高 120cm，果穗长 14.9cm，果穗粗 3.4cm，穗行数 13.4 行，行粒数 32.5 粒，出籽率 79%，千粒重 175.3g，平均产量 2290.5kg/hm²，果穗柱形，籽粒红色、珍珠形，爆裂型，轴芯红色，膨化倍数 10.7，膨爆率 89.8%，属于大穗大粒型爆裂玉米。经检测，该品种籽粒蛋白质含量为 12.85%、脂肪含量为 4.96%、淀粉含量为 66.38%。

【利用价值】由农户自行留种，打油茶时用于制作爆米花食用，也可用作饲料。该品种幼苗芽鞘绿色、幼苗长势强、植株整齐度较好、果穗大、产量较高、膨化倍数和膨爆率较高，可用于品种改良和选育，也可直接用于生产。

种质名称：交其爆花玉米
采集编号：2016452534

11. 央龙爆裂玉米

【采集地】广西百色市西林县。

【类型及分布】属于地方品种，爆裂型，该县个别村屯有零星种植。

【主要特征特性】在南宁种植，生育期 98 天，全株叶 21.3 片，株高 299.3cm，穗位高 172.3cm，果穗长 15.4cm，果穗粗 3.1cm，穗行数 12.0 行，行粒数 29.7 粒，出籽率 63.2%，千粒重 166.3g，平均产量 1474.5kg/hm^2，果穗柱形，籽粒红色、珍珠形，爆裂型，轴芯白色，膨化倍数 7.2，膨爆率 75.7%，属于大穗大粒型爆裂玉米。经检测，该品种籽粒蛋白质含量为 13.45%、脂肪含量为 4.91%、淀粉含量为 67.51%。

【利用价值】由农民自行留种，可用于制作爆米花食用，有时也用于饲喂畜禽。该品种幼苗芽鞘绿色，幼苗长势较强，植株整齐度不好，分蘖强，果穗大，品质好，出籽率较高，粒重较高，可用于品种改良和选育。

种质名称：央龙爆裂玉米
采集编号：2016453454

12. 平兰红皮玉米

【**采集地**】广西百色市凌云县。

【**类型及分布**】属于地方品种，爆裂型，该县个别村屯有零星种植。

【**主要特征特性**】在南宁种植，生育期87天，全株叶19.0片，株型披散，株高190.0cm，穗位高83.3cm，果穗长11.4cm，果穗粗2.9cm，穗行数16.4行，行粒数24.0粒，出籽率83.5%，千粒重79.3g，果穗锥形，籽粒紫红色，爆裂型，轴芯白色。经检测，该品种籽粒蛋白质含量为12.77%、脂肪含量为4.84%、淀粉含量为67.50%。

【**利用价值**】主要用于制作爆米花等食用，也可用作饲料。该品种果穗行数较多、出籽率较高，可用于品种改良和选育，但应注意提高产量潜力。

13. 八江爆花玉米

【采集地】广西百色市田林县。

【类型及分布】属于地方品种，爆裂型，该县个别村屯有零星种植。

【主要特征特性】在南宁种植，生育期90天，全株叶19.7片，株高204.1cm，穗位高138cm，果穗长9.4cm，果穗粗2.3cm，穗行数14.6行，行粒数22.2粒，出籽率76.8%，千粒重55.7g，果穗锥形，籽粒红色、米粒形，爆裂型，轴芯白色，膨化倍数20.5，膨爆率98.2%，属于小穗小粒型爆裂玉米。

【利用价值】由农户自行留种，可用于制作爆米花食用。该品种幼苗芽鞘绿色，幼苗长势强，植株整齐度较好且分蘖较强，果穗行数较多，出籽率较高，膨化倍数和膨爆率非常高，但产量较低，用于品种改良和选育时应慎重。

种质名称：八江爆花玉米
采集编号：2017453028

14. 三帮爆玉米

【采集地】广西百色市田林县。

【类型及分布】属于地方品种，爆裂型，该县个别村屯有零星种植。

【主要特征特性】在南宁种植，生育期 103 天，全株叶 20.1 片，株高 255.4cm，穗位高 132.2cm，果穗长 14.5cm，果穗粗 3.9cm，穗行数 12.8 行，行粒数 28.9 粒，出籽率 57.3%，千粒重 210.0g，平均产量 2404.5kg/hm²，果穗柱形，籽粒红色、珍珠形，爆裂型，轴芯白色，膨化倍数 5.4，膨爆率 61.5%，属于大穗大粒型爆裂玉米。经检测，该品种籽粒蛋白质含量为 13.23%、脂肪含量为 4.82%、淀粉含量为 66.03%。

【利用价值】由农户自行留种，主要用于制作爆米花食用，有时也用于饲喂牲畜。该品种幼苗芽鞘绿色，幼苗长势较强，植株整齐度较好，分蘖弱，产量较高，可用于品种改良和选育。

种质名称：三帮爆玉米
采集编号：2017453064

第三节 白色和杂色粒爆裂玉米农家品种

1. 爆裂糯

【采集地】广西河池市都安瑶族自治县。

【类型及分布】属于地方品种，爆裂型，收集于20世纪80年代，生产上没有种植。

【主要特征特性】在南宁种植，生育期为92天，全株叶19.0片，株高227.5cm，穗位高114.0cm，果穗长11.4cm，果穗粗3.3cm，穗行数12.2行，行粒数21.5粒，出籽率79.3%，千粒重192.8g，平均产量1456.5kg/hm^2，果穗锥形，籽粒白色、米粒形，爆裂型，轴芯白色，膨化倍数2.0，膨爆率15.7%。

【利用价值】主要用于制作爆米花食用，也可用于饲喂畜禽。该品种幼苗芽鞘绿色、幼苗长势强、植株整齐度较好、无分蘖、粒重较高、出籽率较高、膨化倍数和膨爆率低，目前利用价值不大，可作为种质资源保存。

种质名称：爆裂糯
采集编号：200393

2. 黄紫爆花

【采集地】广西桂林市恭城瑶族自治县。

【类型及分布】属于地方品种，爆裂型，收集于20世纪80年代，生产上没有种植。

【主要特征特性】在南宁种植，生育期100天，全株叶20.8片，株高239.7cm，穗位高140.3cm，果穗长12.3cm，果穗粗3.3cm，穗行数14.8行，行粒数27.8粒，出籽率67.0%，千粒重125.8g，平均产量2008.5kg/hm²，果穗锥形，籽粒黄色或杂有少量紫色、珍珠形，爆裂型，轴芯白色，膨化倍数6.9，膨爆率63.3%，属于大穗大粒型爆裂玉米。

【利用价值】主要用于制作爆米花食用。该品种幼苗芽鞘绿色，幼苗长势弱，植株整齐度较好，分蘖弱，果穗长，产量较高，可用于品种改良和选育。

种质名称：黄紫爆花
采集编号：200721

3. 龙胜爆玉米

【**采集地**】广西桂林市龙胜各族自治县。

【**类型及分布**】属于地方品种，爆裂型，收集于 20 世纪 80 年代，生产上没有种植。

【**主要特征特性**】在南宁种植，生育期 100 天，全株叶 20.3 片，株高 210cm，穗位高 112.2cm，果穗长 13.8cm，果穗粗 2.8cm，穗行数 13.6 行，行粒数 30.1 粒，出籽率 60.7%，千粒重 88.7g，平均产量 891.0kg/hm^2，果穗锥形，籽粒白色、珍珠形，爆裂型，轴芯白色，膨化倍数 12.9，膨爆率 87.5%，属于大穗大粒型爆裂玉米。

【**利用价值**】主要用于制作爆米花食用。该品种幼苗芽鞘绿色，幼苗长势强，植株整齐度较好，无分蘖，果穗长，膨爆率较高，可用于品种改良和选育。

种质名称：龙胜爆玉米
采集编号：200771

4. 刺玉米

【采集地】广西柳州市三江侗族自治县。

【类型及分布】属于地方品种，爆裂型，收集于 20 世纪 80 年代，生产上没有种植。

【主要特征特性】在南宁种植，生育期 100 天，全株叶 21.6 片，株高 241.4cm，穗位高 140.1cm，果穗长 14.6cm，果穗粗 3.1cm，穗行数 14.8 行，行粒数 28.5 粒，出籽率 56.9%，千粒重 104.7g，平均产量 1197.0kg/hm²，果穗锥形，籽粒白色、珍珠形，爆裂型，轴芯白色，膨化倍数 12.2，膨爆率 88.7%，属于大穗大粒型爆裂玉米。

【利用价值】主要用于制作爆米花食用。该品种幼苗芽鞘绿色，幼苗长势较强，植株整齐度较好，分蘖弱，果穗长，穗行数较多，膨爆率较高，可用于品种改良和选育。

种质名称：刺玉米

采集编号：200847

5. 九子苞

【采集地】广西河池市南丹县。

【类型及分布】属于地方品种，爆裂型，收集于20世纪80年代，生产上没有种植。

【主要特征特性】在南宁种植，生育期90天，全株叶20.9片，株高258.9cm，穗位高159.4cm，果穗长12.5cm，果穗粗3.2cm，穗行数13.8行，行粒数25.9粒，出籽率70.9%，千粒重150.3g，平均产量1216.5kg/hm²，果穗锥形，籽粒黄色和白色、珍珠形，爆裂型，轴芯白色，膨化倍数8.0，膨爆率87.3%。

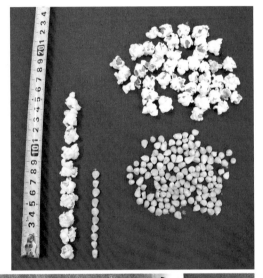

【利用价值】主要用于制作爆米花食用。该品种幼苗芽鞘绿色，幼苗长势较强，植株整齐度较好，果穗大，穗行数较多，出籽率较高，粒重较高，膨爆率较高，可用于品种改良和选育。

种质名称：九子苞
采集编号：200892

6. 黄石爆玉米

【采集地】广西贺州市八步区。

【类型及分布】属于地方品种，爆裂型，收集于20世纪80年代，生产上没有种植。

【主要特征特性】在南宁种植，生育期95天，全株叶20.0片，株高255.9cm，穗位高149.3cm，果穗长12.6cm，果穗粗3.1cm，穗行数11.6行，行粒数25.3粒，出籽率65.8%，千粒重158.0g，平均产量1195.5kg/hm²，果穗柱形，籽粒白色、珍珠形，爆裂型，轴芯白色，膨化倍数9.3，膨爆率84.7%。

【利用价值】该品种幼苗芽鞘绿色，幼苗长势强，植株整齐度好且分蘖强，果穗较大，粒重较高，可用于品种改良和选育。

种质名称：黄石爆玉米
采集编号：201055

7. 沙塘爆

【采集地】广西玉林市。

【类型及分布】属于地方品种，爆裂型，收集于 20 世纪 80 年代，生产上没有种植。

【主要特征特性】在南宁种植，生育期 92 天，全株叶 19.1 片，株高 232.8cm，穗位高 115.9cm，果穗长 13.6cm，果穗粗 4.0cm，穗行数 16.6 行，行粒数 29.5 粒，出籽率 73.1%，千粒重 189.3g，平均产量 2869.5kg/hm²，果穗柱形，籽粒白色、珍珠形，爆裂型，轴芯白色，膨化倍数 5.9，膨爆率 72.3%。

【利用价值】该品种幼苗芽鞘绿色、具紫色脉纹，幼苗长势较强，植株整齐度好，分蘖弱，果穗大，穗行数多，出籽率较高，粒重较高，产量高，爆米花渣少、口感好，经提纯复壮后可以直接用于生产。

种质名称：沙塘爆
采集编号：201094

沙塘爆
201094

8. 爆禄粟

【采集地】广西玉林市。

【类型及分布】属于地方品种，爆裂型，收集于20世纪80年代，生产上没有种植。

【主要特征特性】在南宁种植，生育期98天，全株叶19.8片，株高204.4cm，穗位高121.2cm，果穗长10.3cm，果穗粗3.8cm，穗行数19.8行，行粒数20.1粒，出籽率70.5%，千粒重122.3g，平均产量2041.5kg/hm²，果穗柱形，籽粒白色、珍珠形，爆裂型，轴芯白色，膨化倍数13.6，膨爆率91.3%。

【利用价值】主要用于制作爆米花食用。该品种幼苗芽鞘绿色，幼苗长势较强，植株无分蘖，果穗较大，穗行数多，产量高，膨化倍数和膨爆率高，可用于品种改良和选育。

种质名称：爆禄粟
采集编号：201099

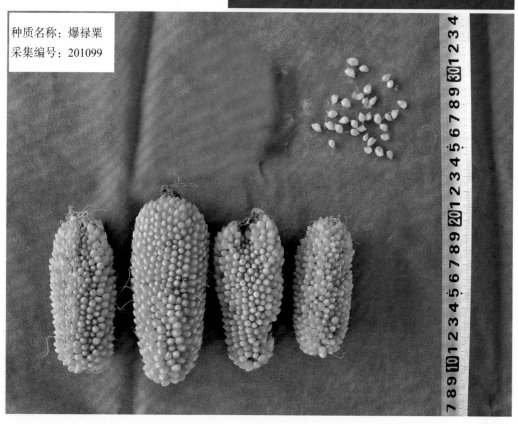

9. 匡里爆花玉米

【采集地】广西柳州市三江侗族自治县。

【类型及分布】属于地方品种，爆裂型，该县个别村屯有零星种植。

【主要特征特性】在南宁种植，生育期 92 天，全株叶 19.9 片，株高 214cm，穗位高 106.9cm，果穗长 12.7cm，果穗粗 3.0cm，穗行数 14.6 行，行粒数 36.9 粒，出籽率 69.0%，千粒重 101.3g，平均产量 855kg/hm^2，果穗柱形，籽粒白色或杂有极少黄色或紫色，珍珠形，爆裂型，轴芯白色，膨化倍数 9.5，膨爆率 65.8%。经检测，该品种籽粒蛋白质含量为 12.71%、脂肪含量为 4.65%、淀粉含量为 68.46%。

【利用价值】由农户自行留种，打油茶时用于制作爆米花食用，有时也用于祭祀。该品种幼苗芽鞘绿色，幼苗长势较强，植株整齐度较好且分蘖强，果穗行数较多，出籽率较高，可用于品种改良和选育。

种质名称: 匡里爆花玉米
采集编号: 2017453044

10. 江口爆苞谷

【采集地】广西柳州市三江侗族自治县。

【类型及分布】属于地方品种，爆裂型，该县个别村屯有零星种植。

【主要特征特性】在南宁种植，生育期 98 天，全株叶 20.7 片，株高 248.2cm，穗位高 140.9cm，果穗长 14.9cm，果穗粗 3.4cm，穗行数 15.2 行，行粒数 32.1 粒，出籽率 66.7%，千粒重 147.3g，平均产量 2715.0kg/hm²，果穗柱形，籽粒黄色和白色、珍珠形，爆裂型，轴芯白色，膨化倍数 11.5，膨爆率 90.3%。经检测，该品种籽粒蛋白质含量为 13.02%、脂肪含量为 4.32%、淀粉含量为 68.76%。

【利用价值】主要由农户自行留种、自产自销，打油茶时用于制作爆米花食用，有时也用于饲喂畜禽。该品种幼苗芽鞘绿色、幼苗长势强、植株分蘖较强、果穗大、穗行数较多、出籽率较高、粒重和产量高、膨爆率高，提纯复壮后可直接用于生产和商品化，也可用于品种改良和选育。

种质名称：江口爆苞谷
采集编号：2017453051

11. 贤民爆玉米

【采集地】广西崇左市天等县。

【类型及分布】属于地方品种，爆裂型，该县一些村屯有少量种植。

【主要特征特性】在南宁种植，生育期 100 天，全株叶 20.0 片，株高 244.4cm，穗位高 124.1cm，果穗长 15.1cm，果穗粗 3.2cm，穗行数 13.8 行，行粒数 32.0 粒，出籽率 70.2%，千粒重 149.0g，平均产量 3325.5kg/hm²，果穗锥形，籽粒黄色或杂有少量紫色、珍珠形，爆裂型，轴芯白色，膨化倍数 13.2，膨爆率 91.7%。经检测，该品种籽粒蛋白质含量为 13.75%、脂肪含量为 5.09%、淀粉含量为 66.74%。

【利用价值】由农户自行留种，主要用于制作爆米花食用，也可用于饲喂畜禽。该品种幼苗长势较强，植株整齐度较好和分蘖较强，果穗大，穗行数较多，粒重和产量高，膨化倍数和膨爆率高，爆米花渣少、口感好，可直接用于生产和商品化，也可用于品种改良和选育。

种质名称：贤民爆玉米
采集编号：2017453067

参 考 文 献

程伟东，覃德斌 . 2010. 广西壮族自治区玉米品种 // 汪黎明，王庆成，孟昭东 . 中国玉米品种及其系谱 .
    上海：上海科学技术出版社 : 628-659.

高旭东，周旭梅 . 2008. 我国玉米育种核心种质的研究现状与展望 . 黑龙江农业科学 , (2): 141-144.

黄开健，杨华铨，吴永升，等 . 2004. 优质高产早熟糯玉米品种玉美头 601 的选育 . 作物杂志 , (2): 57-58.

刘旭 . 2005. 生物多样性——关于中国种质资源面对的挑战与对策 . 世界科学技术：中医药现代化 ,
    7(4): 101-104.

覃兰秋，程伟东，谭贤杰，等 . 2006. 广西玉米种质资源的特征特性及利用评价 . 广西农业科学 , 37(5):
    510-512.

石云素 . 2006. 玉米种质资源描述规范和数据标准 . 北京：中国农业出版社 .

时成俏，黄安霞，覃永嫒，等 . 2011. 国审优质、高产、抗病糯玉米新品种桂糯 518 的选育 . 种子 ,
    30(2): 107-109.

谢和霞，覃兰秋，程伟东，等 . 2009. 广西玉米地方品种调查 . 植物遗传资源学报 , 10(3): 490-494.

许启凤 . 2003. 优质、高产玉米新品种农大 108 的选育与推广 . 中国农业大学学报 , 8(1): 25-26.

杨华铨，黄开健，陈品娘，等 . 2000. 玉米桂单 22 号的特性与栽培 . 广西农业科学 , (6): 307.

雍洪军，王建军，张德贵，等 . 2013. 美洲地区主要玉米群体特征及其利用途径分析 . 遗传 , 35(6): 703-713.

索 引